玄关柜｜酒柜｜榻榻米｜衣柜｜书柜｜衣帽间｜阳台柜｜电视柜｜橱柜

全屋定制
柜体尺寸与节点

高伟科　编著

江苏凤凰美术出版社

图书在版编目（CIP）数据

全屋定制柜体尺寸与节点 / 高伟科编著 . -- 南京：
江苏凤凰美术出版社 , 2023.8
ISBN 978-7-5741-0968-1

Ⅰ . ①全… Ⅱ . ①高… Ⅲ . ①住宅－室内装饰设计
Ⅳ . ① TU241

中国国家版本馆 CIP 数据核字 (2023) 第 087613 号

出 版 统 筹	王林军
责 任 编 辑	孙剑博
责任设计编辑	韩　冰
特 约 审 校	曲苗苗
装 帧 设 计	姜宇淇
责 任 校 对	王左佐
责 任 监 印	唐　虎

书　　　名	全屋定制　柜体尺寸与节点
编　　　著	高伟科
出 版 发 行	江苏凤凰美术出版社（南京市湖南路1号　邮编: 210009）
总 经 销	天津凤凰空间文化传媒有限公司
印　　　刷	天津图文方嘉印刷有限公司
开　　　本	965 mm×1 270 mm　1/16
印　　　张	14
版　　　次	2023年8月第1版　2023年8月第1次印刷
标 准 书 号	ISBN 978-7-5741-0968-1
定　　　价	228.00元（精）

营销部电话　025-68155675　营销部地址　南京市湖南路1号
江苏凤凰美术出版社图书凡印装错误可向承印厂调换

前言

实用与时尚相结合，细节与比例相协调

随着装修行业的不断更新优化，各种装修风格样式与手法层出不穷，这就使大多数设计相对大众化的家具，很难满足用户个性化要求。一些成品家具在展厅里令人眼前一亮，可是一旦搬到自己装修好的家里却黯然失色，不是柜体尺寸与空间尺寸不符，就是款式或颜色不符合整体的装修风格，针对这种情况，全屋定制家具可满足个性化的需求。在人们的传统观念里，全屋定制主要是帮助小户型来充分利用空间的，但随着设计理念与装修风格不断的发展与迭代，全屋定制不再是小户型专属，更多的是针对不同需求的业主，满足其精细化、个性化的需求。

本书针对入户玄关柜、餐厅酒柜、卧室衣柜、客厅电视柜、书房书柜、衣帽间、榻榻米、阳台柜、厨房橱柜九大空间柜体，提供200多套方案以供选择。相信总有一套柜体样式令你怦然心动，助力打造独一无二的家。

高伟科

目录

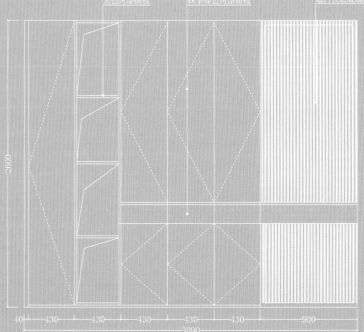

黑色烤漆搁板
白色烤漆门板
抹茶绿色烤漆面板
超白长虹玻璃隔断

2600

40 | 430 | 430 | 430 | 430 | 430 | 900
3090

1 玄关柜

每次回家时首先看到的便是玄关空间，这是我们从繁杂的外界进入温馨舒适家中的最初体验。玄关如同厅堂的外门，是居室入口的区域，是反映业主居家品位、文化气质的"门脸"。玄关在住宅中通常面积不大，使用率却很高，具有方便业主换鞋脱帽、保护私密性及装饰性等多重功能。

因此，玄关的设计是住宅装修的关键，它直接体现设计师整体空间设计的水准，在房间装饰中起到画龙点睛的作用。此外玄关设计应与整套住宅装饰风格相协调。

玄关柜 - 01

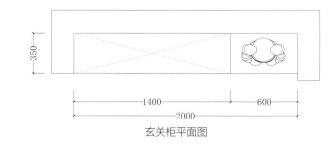

玄关柜平面图

350
1400   600
2000

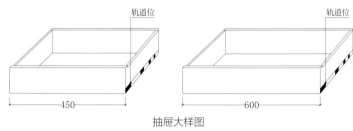

轨道位   轨道位

450   600

抽屉大样图

暗藏灯带

60

60

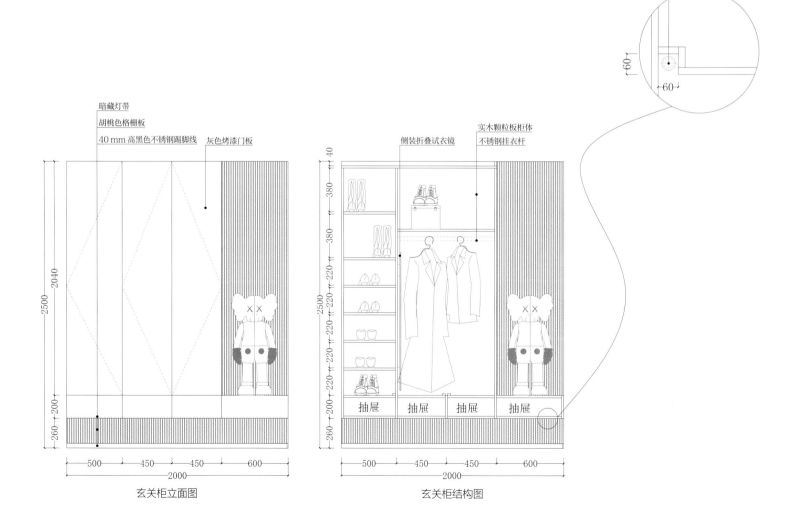

暗藏灯带
胡桃色格栅板
40 mm 高黑色不锈钢踢脚线   灰色烤漆门板

侧装折叠试衣镜

实木颗粒板柜体
不锈钢挂衣杆

2500
2040

200
260

500   450   450   600
2000

玄关柜立面图

40
380
380
220 220 220 220 220 220
2500

200
260

抽屉   抽屉   抽屉   抽屉

500   450   450   600
2000

玄关柜结构图

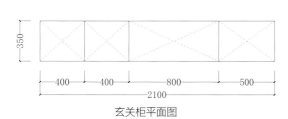

玄关柜平面图

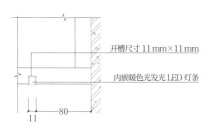

350

400 400 800 500

2100

开槽尺寸11mm×11mm

内嵌暖色光发光LED灯条

11 80

① 剖面图

2.5寸筒灯开孔直径75mm

20mm厚绿色实木颗粒板柜体

350

② 剖面图

玄关柜-02

007

暗藏灯带

40

60

暗藏射灯
暗藏灯带   白桦木门板   暗藏灯带

不锈钢挂衣杆
实木颗粒板柜体

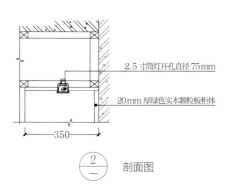

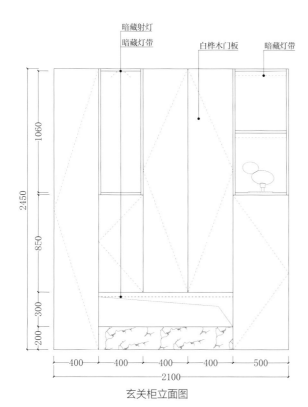

1060

2450

850

300

200

400 400 400 400 500

2100

玄关柜立面图

②

420

1060

2450

850

300

200

①

400 400 400 400 500

2100

玄关柜结构图

玄关柜-03

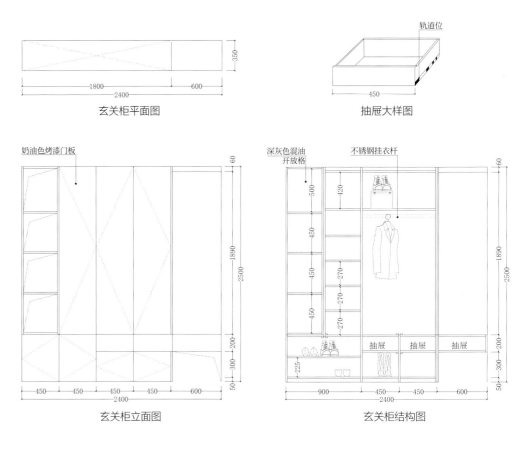

玄关柜平面图

轨道位

抽屉大样图

奶油色烤漆门板

玄关柜立面图

深灰色混油开放格   不锈钢挂衣杆

玄关柜结构图

玄关柜-04

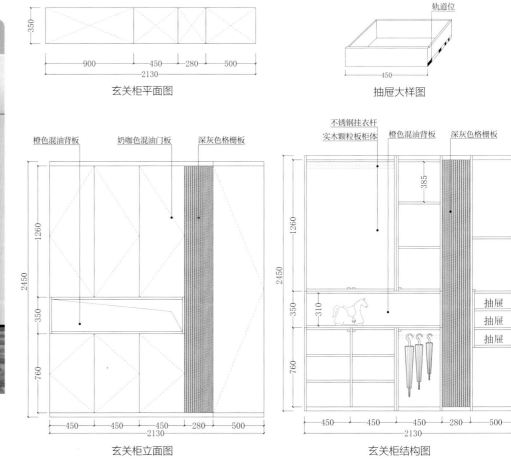

玄关柜平面图

轨道位

抽屉大样图

橙色混油背板   奶咖色混油门板   深灰色格栅板

玄关柜立面图

不锈钢挂衣杆
实木颗粒板柜体   橙色混油背板   深灰色格栅板

抽屉
抽屉
抽屉

玄关柜结构图

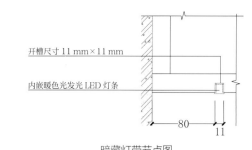

开槽尺寸 11 mm×11 mm

内嵌暖色光发光 LED 灯条

80
11

暗藏灯带节点图

350
400 | 425 | 425 | 490 | 450
2190

玄关柜平面图

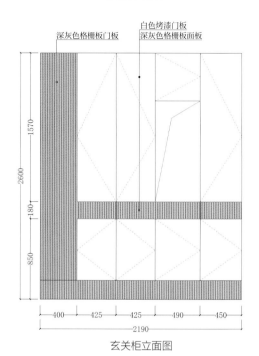

深灰色格栅板门板

白色烤漆门板
深灰色格栅板面板

2600
1570
180
850
400 | 425 | 425 | 490 | 450
2190

玄关柜立面图

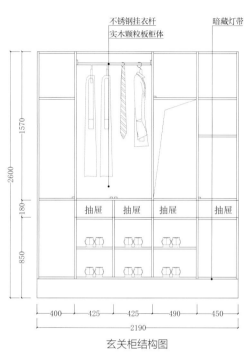

不锈钢挂衣杆
实木颗粒板柜体

暗藏灯带

2600
1570
180
850

抽屉 | 抽屉 | 抽屉 | 抽屉

400 | 425 | 425 | 490 | 450
2190

玄关柜结构图

玄关柜－05

玄关柜－06

暗藏灯带

60
60

350
450 | 450 | 600 | 400
1900

玄关柜平面图

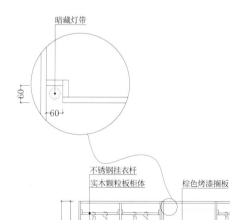

不锈钢挂衣杆
实木颗粒板柜体

棕色烤漆搁板

2600
1305
200

抽屉 | 抽屉 | 抽屉

1095

450 | 450 | 600 | 400
1900

玄关柜结构图

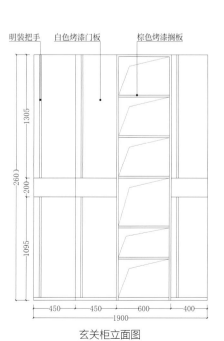

明装把手

白色烤漆门板

棕色烤漆搁板

1305
260
200
1095

11 mm×11 mm

450 | 450 | 600 | 400
1900

玄关柜立面图

玄关柜－07

钥匙格
轨道位

320

抽屉大样图

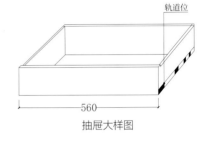

轨道位

560

抽屉大样图

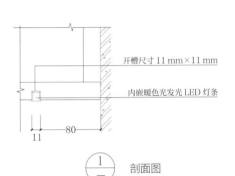

开槽尺寸 11 mm×11 mm

内嵌暖色光发光 LED 灯条

11 80

① 剖面图

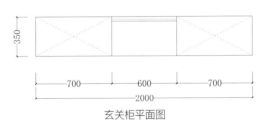

350

700 600 700

2000

玄关柜平面图

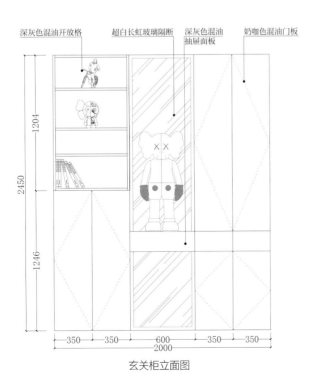

深灰色混油开放格　超白长虹玻璃隔断　深灰色混油抽屉面板　奶咖色混油门板

1204

2450

1246

350 350 600 350 350

2000

玄关柜立面图

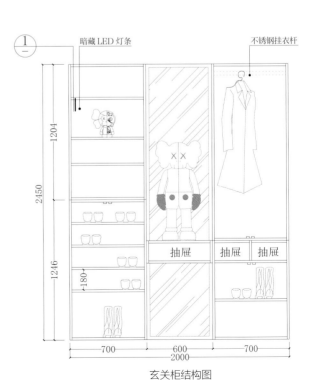

①　暗藏 LED 灯条　　　不锈钢挂衣杆

1204

2450

1246

180

抽屉　抽屉　抽屉

700 600 700

2000

玄关柜结构图

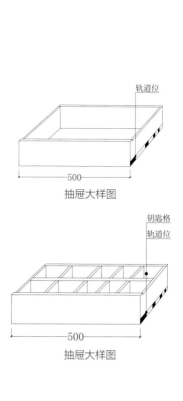

轨道位

抽屉大样图

钥匙格
轨道位

500

抽屉大样图

玄关柜－08

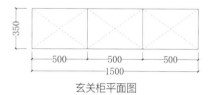

350

500 500 500

1500

玄关柜平面图

橙色混油背板 浅灰色造型混油门板

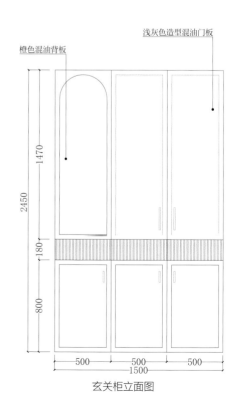

1470

2450

180

800

500 500 500

1500

玄关柜立面图

不锈钢挂衣杆
实木颗粒板柜体

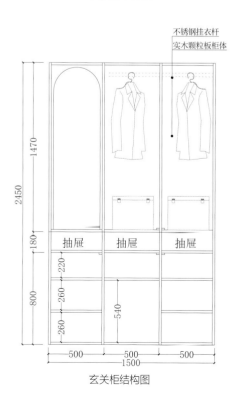

1470

2450

180

800

抽屉 抽屉 抽屉

220

260

260

540

500 500 500

1500

玄关柜结构图

玄关柜-09

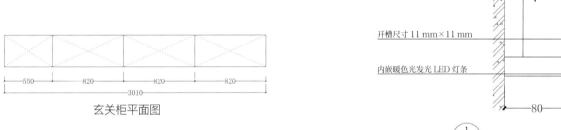

350

550 | 820 | 820 | 820

3010

玄关柜平面图

开槽尺寸 11 mm×11 mm

内嵌暖色光发光 LED 灯条

80

11

1 剖面图

透明玻璃门　　浅灰色烤漆门板

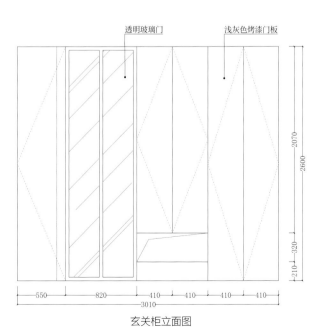

2070

2600

210 320

550 | 820 | 410 | 410 | 410 | 410

3010

玄关柜立面图

不锈钢衣架　　橙色柜体板　　实木颗粒板柜体

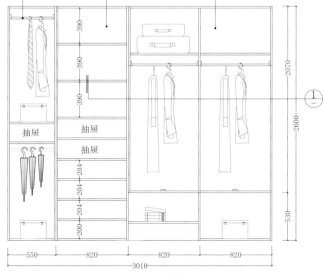

390

390

390

抽屉　抽屉

抽屉

204 204 204

200

2070

2600

530

抽屉

1

550 | 820 | 820 | 820

3010

玄关柜结构图

玄关柜-10

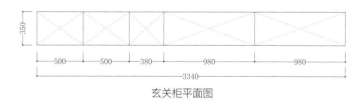

玄关柜平面图

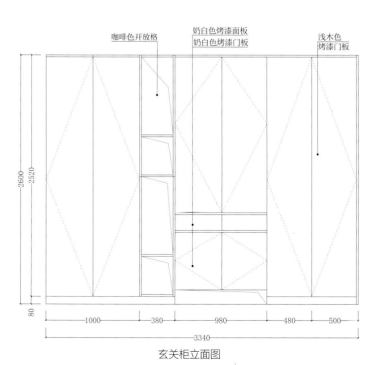

咖啡色开放格 　奶白色烤漆面板　浅木色
　　　　　　　奶白色烤漆门板　烤漆门板

玄关柜立面图

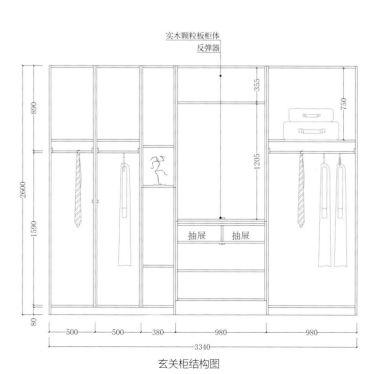

实木颗粒板柜体
反弹器

抽屉　抽屉

玄关柜结构图

350		
980	910	950

2840

玄关柜平面图

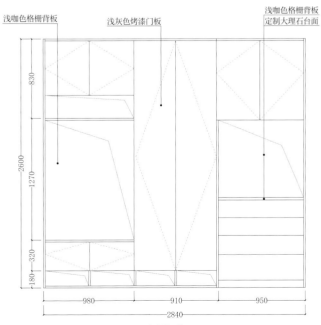

浅咖色格栅背板 　　浅灰色烤漆门板 　　浅咖色格栅背板 定制大理石台面

830		
2600		
1270		
180	320	

| 980 | 910 | 950 |

2840

玄关柜立面图

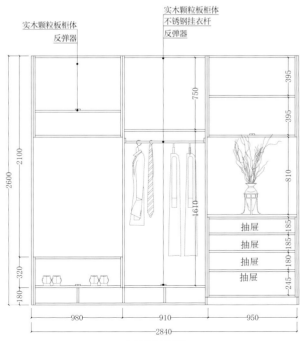

实木颗粒板柜体 反弹器 　　实木颗粒板柜体 不锈钢挂衣杆 反弹器

		395
2100	750	395
2600		810
	1610	抽屉 185
		抽屉 185
180	320	抽屉 180
		抽屉 245

| 980 | 910 | 950 |

2840

玄关柜结构图

玄关柜 -12

开槽尺寸 11 mm×11 mm

内嵌暖色光发光 LED 灯条

80
11

暗藏灯带节点图

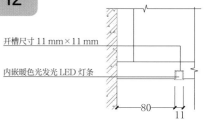

350

40 543 1641 1076 40
3340

玄关柜平面图

原木色
木纹搁板

浅灰色烤漆门板
灰咖色
烤漆格栅板

柚木色
烤漆门板

2600

40 543 544 544 553 1076 40
3340

玄关柜立面图

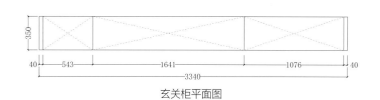

暗藏灯带

实木颗粒板柜体
反弹器

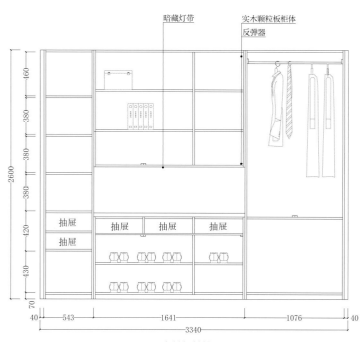

460
380
380
380
420
430
70

2600

抽屉
抽屉

抽屉 抽屉 抽屉

40 543 1641 1076 40
3340

玄关柜结构图

玄关柜-13

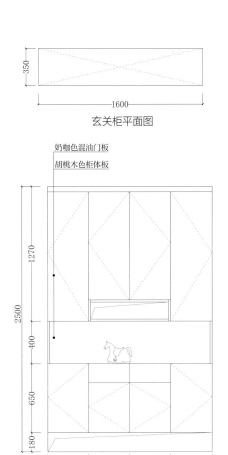

350

1600

玄关柜平面图

奶咖色混油门板
胡桃木色柜体板

1270

2500

400

650

180

400 400 400 400

1600

玄关柜立面图

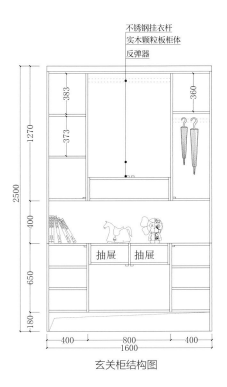

不锈钢挂衣杆
实木颗粒板柜体
反弹器

383

373

360

1270

2500

400

650

180

抽屉 抽屉

400 800 400

1600

玄关柜结构图

玄关柜-14

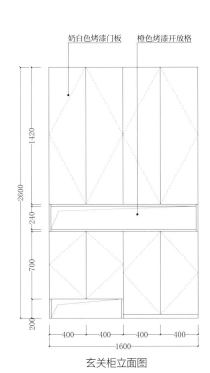

360

800 800

1600

玄关柜平面图

开槽尺寸 11 mm×11 mm

内嵌暖色光发光 LED 灯条

80

11

① 剖面图

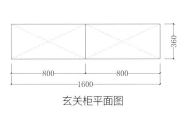

奶白色烤漆门板 橙色烤漆开放格

1420

2600

240

700

200

400 400 400 400

1600

玄关柜立面图

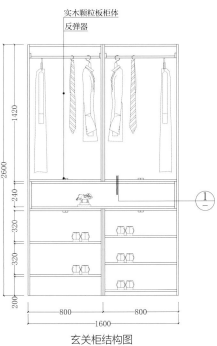

实木颗粒板柜体
反弹器

1420

2600

240

320

320

200

①

800 800

1600

玄关柜结构图

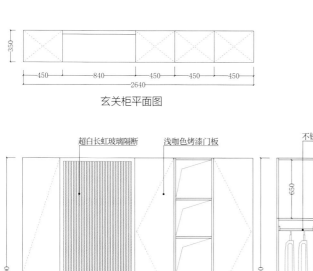

350
450 840 450 450 450
2640

玄关柜平面图

超白长虹玻璃隔断   浅咖色烤漆门板   不锈钢挂衣杆   实木颗粒板柜体

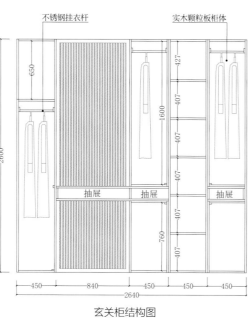

2600

650
1600
427
407
407
760
407

抽屉   抽屉   抽屉

450 840 450 450 450
2640

玄关柜立面图   玄关柜结构图

玄关柜-15

017

350
1040 790 150
1980

玄关柜平面图

开槽尺寸 11 mm×11 mm
内嵌暖色光发光 LED 灯条

11   80

① 剖面图

玄关柜-16

浅灰色烤漆门板
橙黄色格栅门板   明装拉手
橙黄色开放格   实木颗粒板柜体

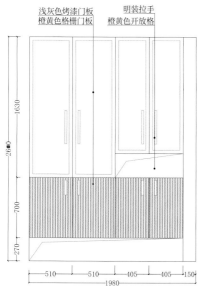

1630
2640
700
270

510 510 405 405 150
1980

玄关柜立面图

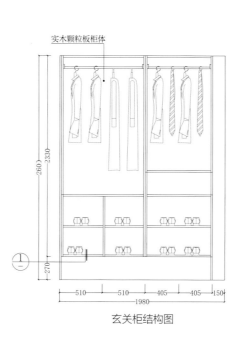

2330
260
270

510 510 405 405 150
1980

玄关柜结构图

玄关柜-17

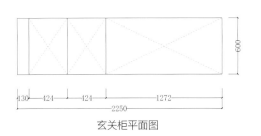

600
430 424 424 1272
2250

玄关柜平面图

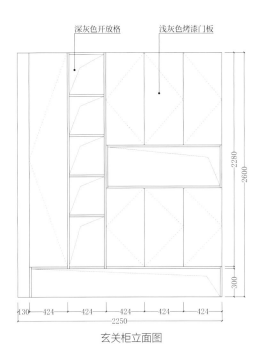

深灰色开放格　　浅灰色烤漆门板

2600
2280
300
430 424 424 424 424 424
2250

玄关柜立面图

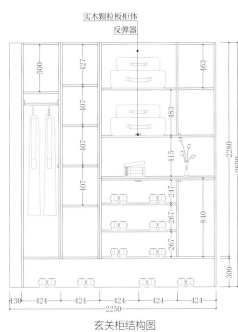

实木颗粒板柜体
反弹器

500 427 463
107 483
107 415
107 247
810
267
267

2600
2280
300
430 424 424 424 424 424
2250

玄关柜结构图

玄关柜-18

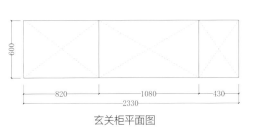

600
820 1080 430
2330

玄关柜平面图

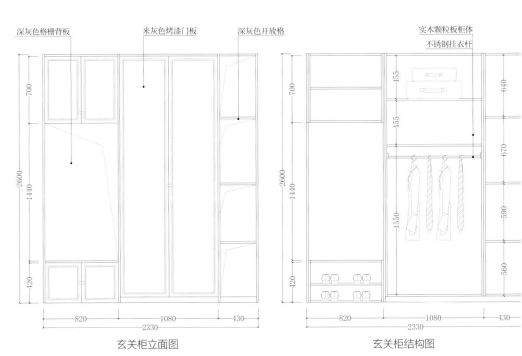

深灰色格栅背板　　　　米灰色烤漆门板　　深灰色开放格

700
2600
1440
420
820 1080 430
2330

玄关柜立面图

实木颗粒板柜体
不锈钢挂衣杆

155 610
155 670
700
590
1550 560
2600
1440
420
820 1080 430
2330

玄关柜结构图

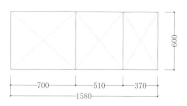

玄关柜平面图

700   510   370
1580

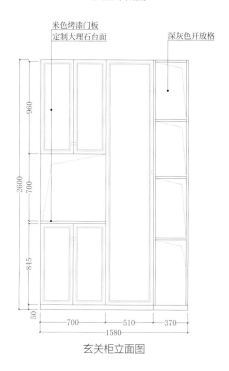

米色烤漆门板
定制大理石台面
深灰色开放格

960
700
2600
815
50
700   510   370
1580

玄关柜立面图

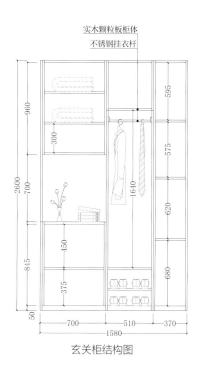

实木颗粒板柜体
不锈钢挂衣杆

960
595
300
700
575
2600
1640
620
450
815
680
375
50
700   510   370
1580

玄关柜结构图

玄关柜-19

玄关柜-20

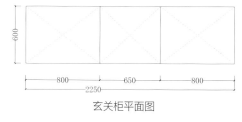

600
800   650   800
2250

玄关柜平面图

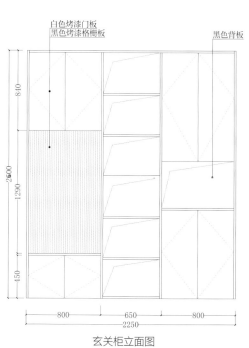

白色烤漆门板
黑色烤漆格栅板
黑色背板

810
2500
1290
150
800   650   800
2250

玄关柜立面图

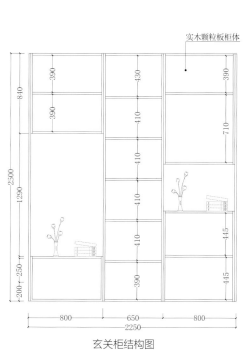

实木颗粒板柜体

390
810
430
390
390
710
2500
410
410
1290
410
410
445
200 250
390
445
800   650   800
2250

玄关柜结构图

玄关柜-21

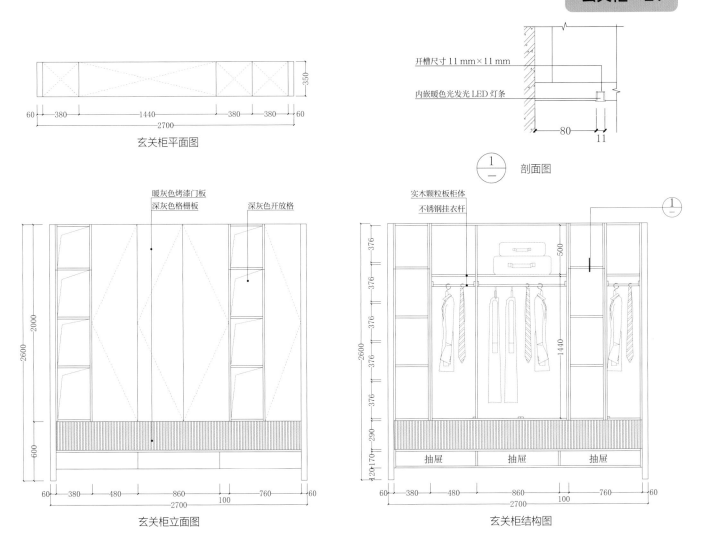

开槽尺寸 11 mm×11 mm

内嵌暖色光发光 LED 灯条

80
11

$\frac{1}{\quad}$　剖面图

玄关柜平面图

60　380　1440　380　380　60
2700
350

暖灰色烤漆门板
深灰色格栅板
深灰色开放格

实木颗粒板柜体
不锈钢挂衣杆

2600
2000
600

玄关柜立面图

60　380　480　860　760　60
100
2700

376
376
376
376
376
2600
500
1410
290
120 170

抽屉　抽屉　抽屉

玄关柜结构图

60　380　480　860　760　60
100
2700

玄关柜-22

开槽尺寸 11 mm×11 mm

内嵌暖色光发光 LED 灯条

80
11

① 剖面图

350
470　450　910　910
2740

玄关柜平面图

黑框透明玻璃门　　浅咖色烤漆门板
　　　　　　　　　定制石材台面

实木颗粒板柜体　　橙色背板

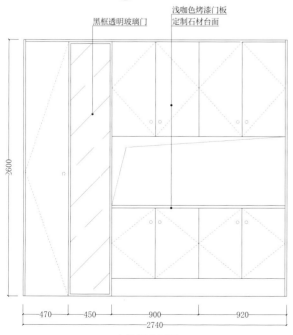

2600

470　450　900　920
2740

玄关柜立面图

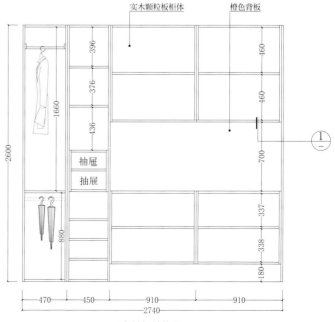

396
376
1660
436
抽屉
抽屉
880

2600

460
460
700
337
338
180

①

470　450　910　910
2740

玄关柜结构图

玄关柜 - 23

开槽尺寸 11 mm×11 mm

内嵌暖色光发光 LED 灯条

350

40　430　430　1290　900
3090

玄关柜平面图

80　11

① 剖面图

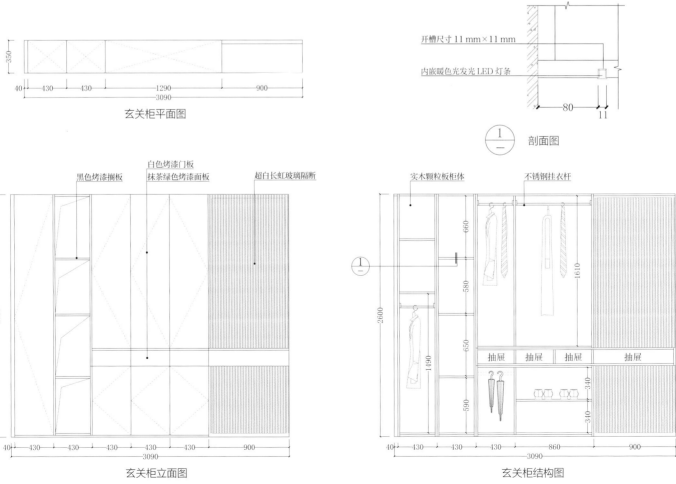

黑色烤漆搁板

白色烤漆门板
抹茶绿色烤漆面板

超白长虹玻璃隔断

实木颗粒板柜体

不锈钢挂衣杆

2600

40　430　430　430　430　430　900
3090

玄关柜立面图

660　580　650　590
抽屉　抽屉　抽屉　抽屉
1910　340　310

2600
1190

40　430　430　430　860　900
3090

玄关柜结构图

玄关柜－24

开槽尺寸 11 mm×11 mm

内嵌暖色光发光 LED 灯条

80

11

① 剖面图

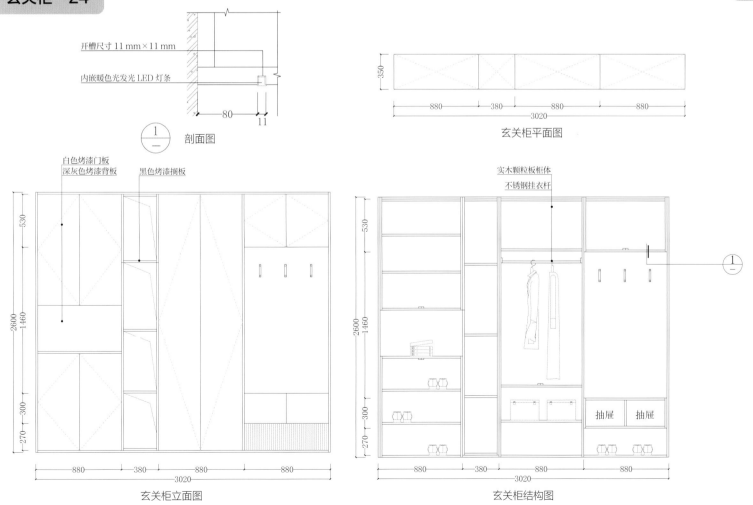

350

880 380 880 880
3020

玄关柜平面图

白色烤漆门板
深灰色烤漆背板   黑色烤漆搁板

530
2600
1460
300
270

880 380 880 880
3020

玄关柜立面图

实木颗粒板柜体
不锈钢挂衣杆

530
2600
1460
300
270

①

抽屉   抽屉

880 380 880 880
3020

玄关柜结构图

玄关柜-25

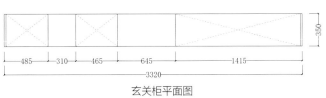

350
485   310   465   645   1415
3320

玄关柜平面图

白色烤漆门板   深灰色搁板   定制大理石台面   灰咖色门板

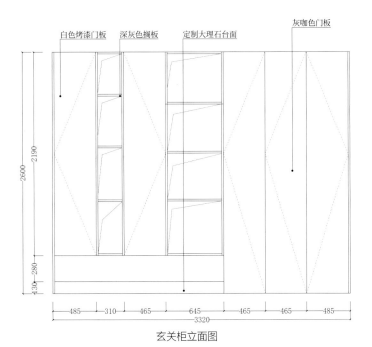

2600
2190
130 280
485   310   465   645   465   465   485
3320

玄关柜立面图

深灰色搁板   实木颗粒板柜体

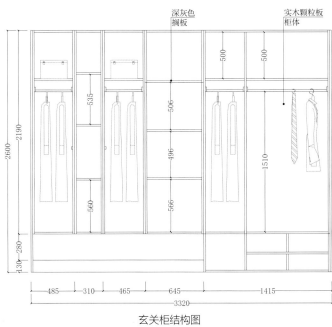

500   500
535   506
496
2600
2190
560   566
1510
130 280
485   310   465   645   1415
3320

玄关柜结构图

2 酒柜

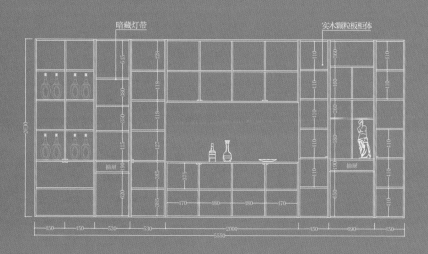

暗藏灯带

实木颗粒板柜体

酒柜是家中的一道风景，陈列着各种美酒，为餐厅增添了不少华丽的色彩。巧妙的酒柜设计在提升家居品位的同时，还可以满足收纳、展示等需求，让人感受到居室的格调。一个功能多样具有品味的酒柜，会让整个空间散发艺术的气息。

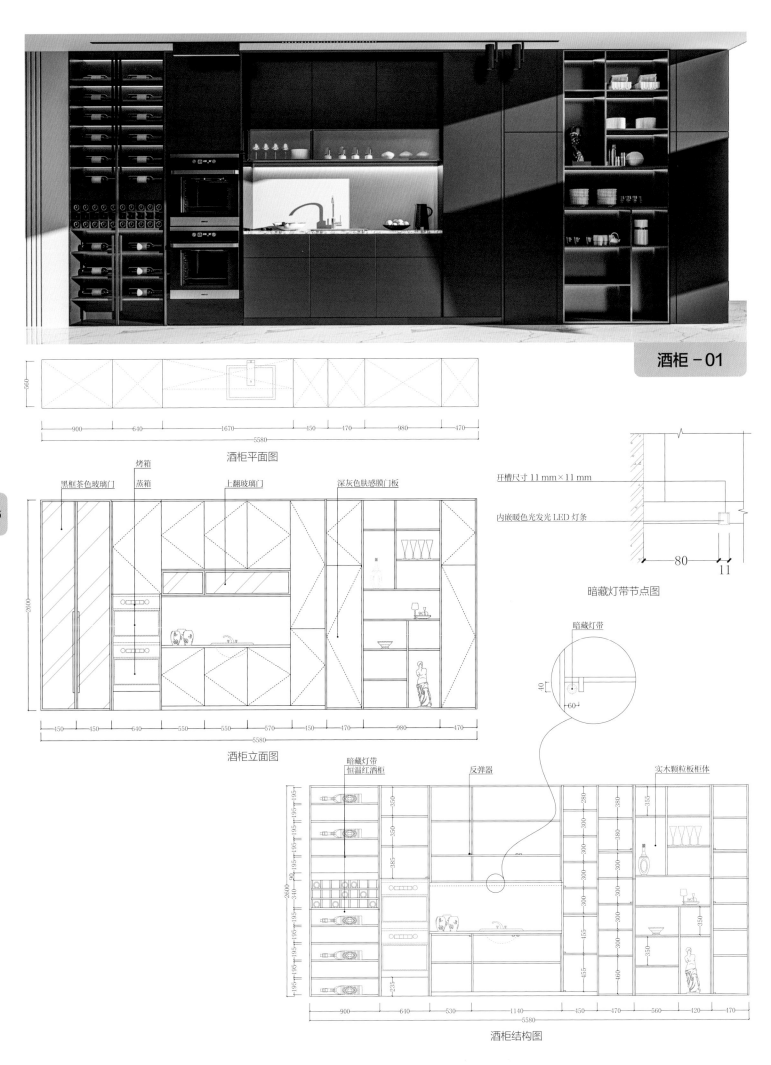

酒柜 – 01

酒柜平面图

560

900 640 1670 450 470 980 470
5580

黑框茶色玻璃门　　烤箱　　上翻玻璃门　　深灰色肤感膜门板
　　　　　　　　蒸箱

开槽尺寸 11 mm×11 mm

内嵌暖色光发光 LED 灯条

80
11

暗藏灯带节点图

暗藏灯带

40
60

2600

450 450 640 550 550 570 450 470 980 470
5580

酒柜立面图

暗藏灯带
恒温红酒柜

反弹器

实木颗粒板柜体

195 195 195 195 195 195 195 195 195 235

350 350 385

280 380 355

300 300

300 300 300 300 455

350

455

2600

900 640 530 1140 450 470 560 420 470
5580

酒柜结构图

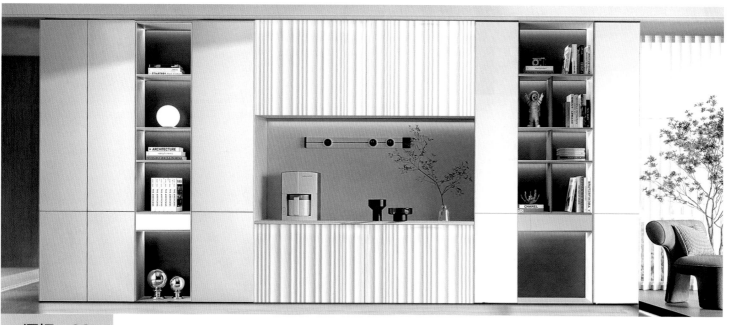

酒柜-02

370

900　530　530　2000　450　690　450

5550

酒柜平面图

灰白色烤漆门板　棕色烤漆开放格　　白色烤漆造型门板　　棕色烤漆开放格

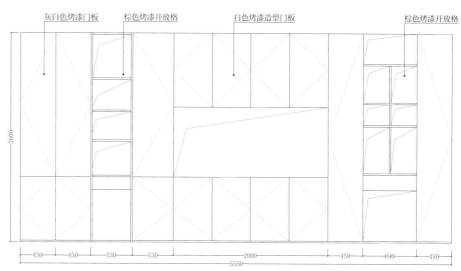

2600

450　450　530　530　2000　450　690　450

5550

酒柜立面图

暗藏灯带　　　　　　　　　实木颗粒板柜体

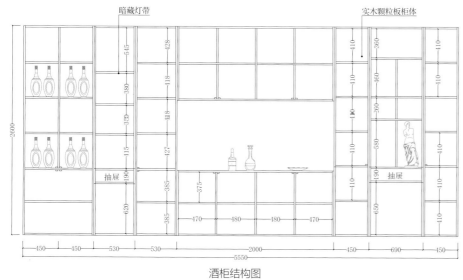

2600

抽屉　　　　　　　　　　　　　　　抽屉

515　128　410　360　410
380　118　410　160　410
330　118　410
115　127　　　200
190　385　　　410　580
620　375　　650　110
　　385　470　480　480　470

450　450　530　530　2000　450　690　450

5550

酒柜结构图

开槽尺寸11mm×11mm

内嵌暖色光发光LED灯条

80　11

暗藏灯带节点图

酒柜-03

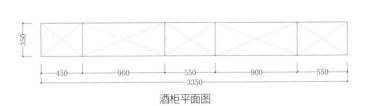

| 450 | 900 | 550 | 900 | 550 |

3350

酒柜平面图

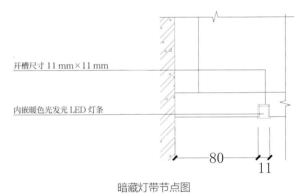

开槽尺寸 11 mm×11 mm

内嵌暖色光发光 LED 灯条

80

11

暗藏灯带节点图

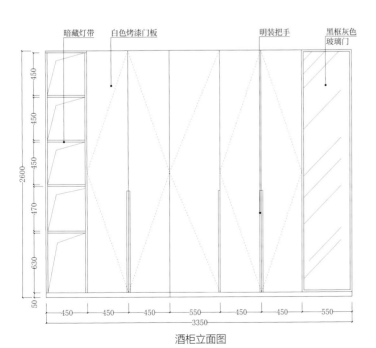

暗藏灯带　　白色烤漆门板　　　　　明装把手　　黑框灰色玻璃门

450
450
450
470
630
50

2600

| 450 | 450 | 450 | 550 | 450 | 450 | 550 |

3350

酒柜立面图

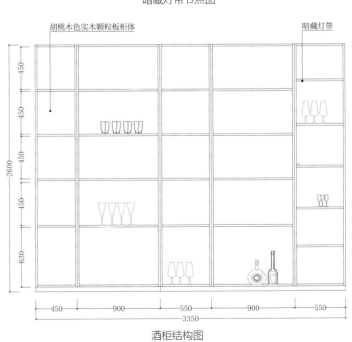

胡桃木色实木颗粒板柜体　　　　　　　　　　　暗藏灯带

450
450
450
630

2600

| 450 | 900 | 550 | 900 | 550 |

3350

酒柜结构图

酒柜－04

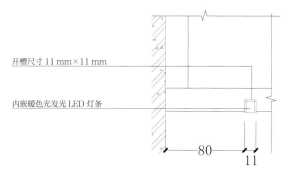

开槽尺寸 11 mm×11 mm

内嵌暖色光发光 LED 灯条

80
11

暗藏灯带节点图

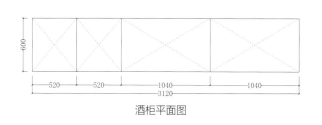

600

520   520   1040   1040
3120

酒柜平面图

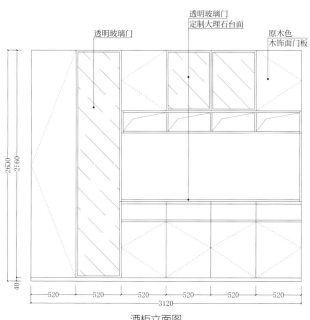

透明玻璃门

透明玻璃门
定制大理石台面

原木色
木饰面门板

2600
2560

40

520   520   520   520   520   520
3120

酒柜立面图

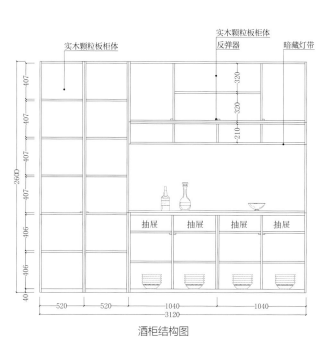

实木颗粒板柜体

实木颗粒板柜体
反弹器

暗藏灯带

407
407
407
407
407
406
406
40

320
320
210

2600

抽屉   抽屉   抽屉   抽屉

520   520   1040   1040
3120

酒柜结构图

酒柜-05

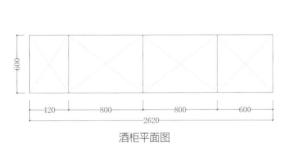

酒柜平面图

420　800　800　600
2620

600

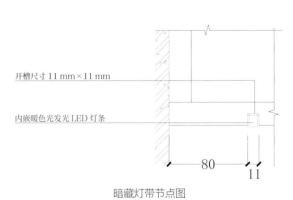

开槽尺寸 11 mm×11 mm

内嵌暖色光发光 LED 灯条

80

11

暗藏灯带节点图

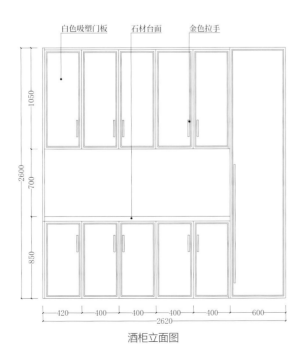

白色吸塑门板　石材台面　金色拉手

1050

2600　700

850

420　400　400　400　400　600
2620

酒柜立面图

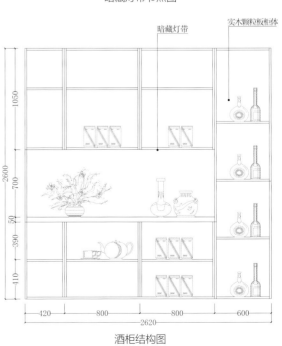

暗藏灯带　实木颗粒板柜体

1050

2600　700

50

390

110

420　800　800　600
2620

酒柜结构图

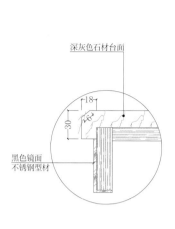

深灰色石材台面

18
30

黑色镜面
不锈钢型材

剖面图

酒柜-06

开槽尺寸 11mm×11mm

内嵌暖色光发光 LED 灯条

80

11

暗藏灯带节点图

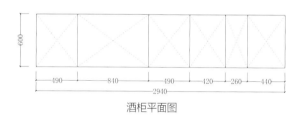

600

490 | 840 | 490 | 420 | 260 | 440

2940

酒柜平面图

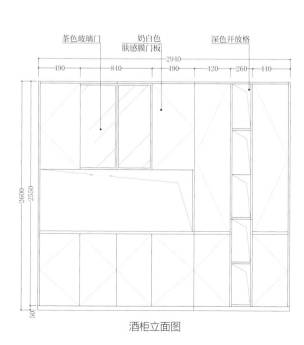

茶色玻璃门 　奶白色　　　深色开放格
　　　　　　肤感膜门板

2940
490 | 840 | 490 | 420 | 260 | 440

2600
2550

50

酒柜立面图

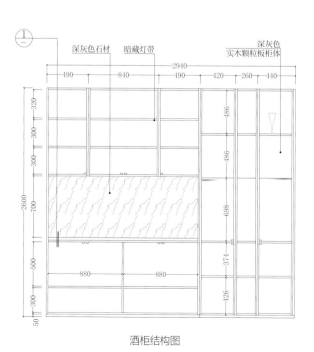

深灰色石材　暗藏灯带　　　深灰色
　　　　　　　　　　　　实木颗粒板柜体

2940
490 | 840 | 490 | 420 | 260 | 440

320
300
300
700

186
186
698
374
126

2600

880 | 880

500

300

50

酒柜结构图

酒柜－07

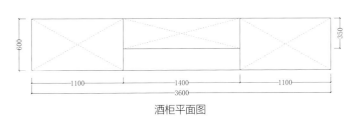

酒柜平面图

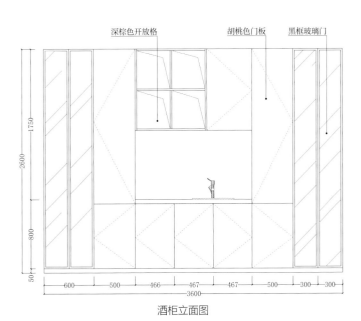

深棕色开放格　　　胡桃色门板　　黑框玻璃门

酒柜立面图

胡桃色
实木颗粒板柜体　　　侧面灯条　　灰色石材背板

酒柜结构图

酒柜-08

开槽尺寸 11 mm×11 mm

内嵌暖色光发光 LED 灯条

80

11

暗藏灯带节点图

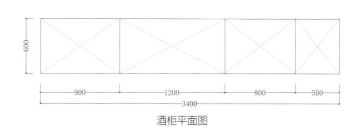

600

900　　1200　　800　　500

3400

酒柜平面图

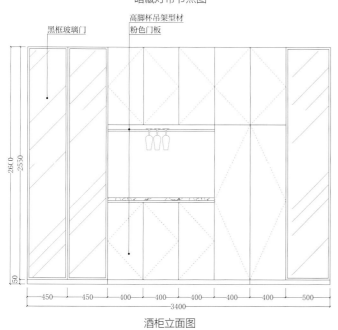

黑框玻璃门

高脚杯吊架型材
粉色门板

2600
2550

50

450　450　400　400　400　400　400　500
3400

酒柜立面图

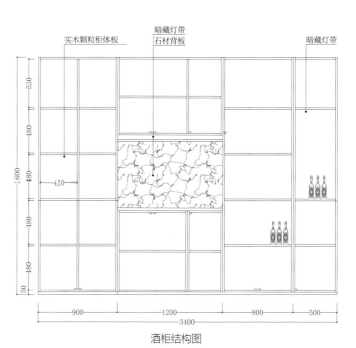

实木颗粒柜体板

暗藏灯带
石材背板

暗藏灯带

530

480

2600

480

420

480

50

900　　1200　　800　　500
3400

酒柜结构图

酒柜－09

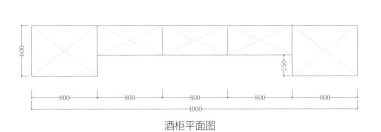

600
250
800　800　800　800　800
4000

酒柜平面图

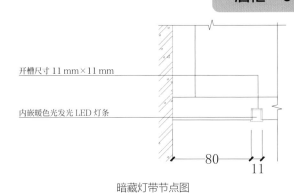

开槽尺寸 11 mm×11 mm

内嵌暖色光发光 LED 灯条

80
11

暗藏灯带节点图

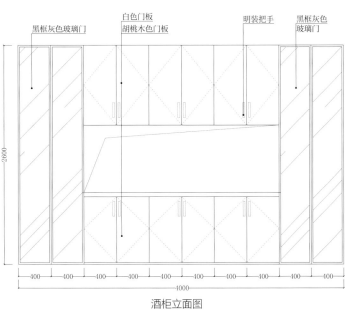

黑框灰色玻璃门　　白色门板　胡桃木色门板　　明装把手　　黑框灰色玻璃门

2600

400　400　400　400　400　400　400　400　400　400
4000

酒柜立面图

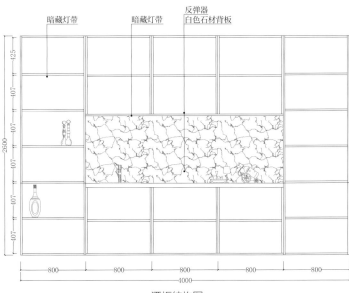

暗藏灯带　　暗藏灯带　　反弹器　白色石材背板

125　407　407　407　407　407
2600

800　800　800　800　800
4000

酒柜结构图

酒柜 -10

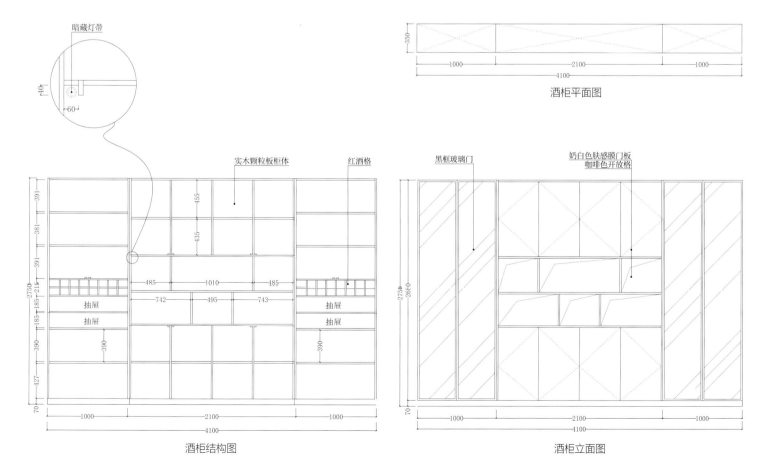

暗藏灯带

酒柜平面图

实木颗粒板柜体   红酒格

黑框玻璃门   奶白色肤感膜门板
                   咖啡色开放格

酒柜结构图   酒柜立面图

520 840 840 840 840

3880

酒柜平面图

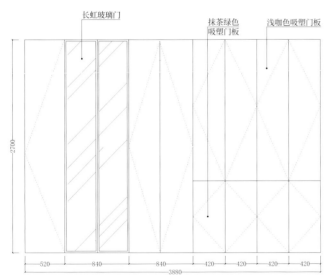

长虹玻璃门　抹茶绿色吸塑门板　浅咖色吸塑门板

2700

520 840 840 420 420 420 420

3880

酒柜立面图

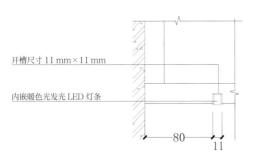

开槽尺寸 11 mm×11 mm

内嵌暖色光发光 LED 灯条

80　11

暗藏灯带节点图

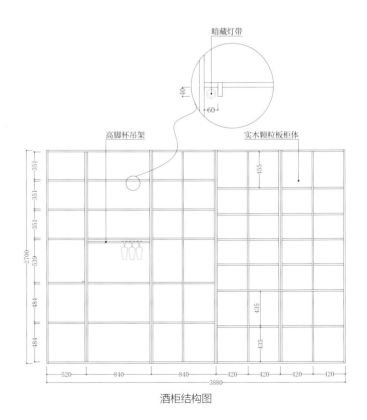

暗藏灯带

高脚杯吊架　实木颗粒板柜体

520 840 840 420 420 420 420

3880

酒柜结构图

酒柜 -12

酒柜平面图

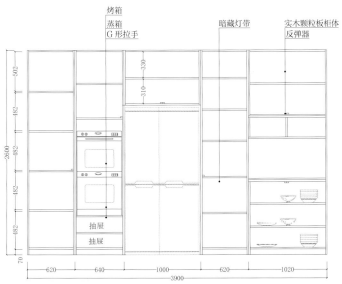

烤箱
蒸箱
G 形拉手

暗藏灯带

实木颗粒板柜体
反弹器

抽屉
抽屉

酒柜结构图

G 形拉手

冷灰色烤漆门板
黑色烤漆背板

酒柜立面图

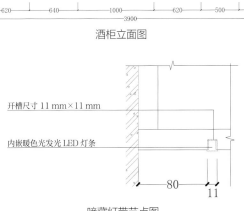

开槽尺寸 11 mm×11 mm

内嵌暖色光发光 LED 灯条

暗藏灯带节点图

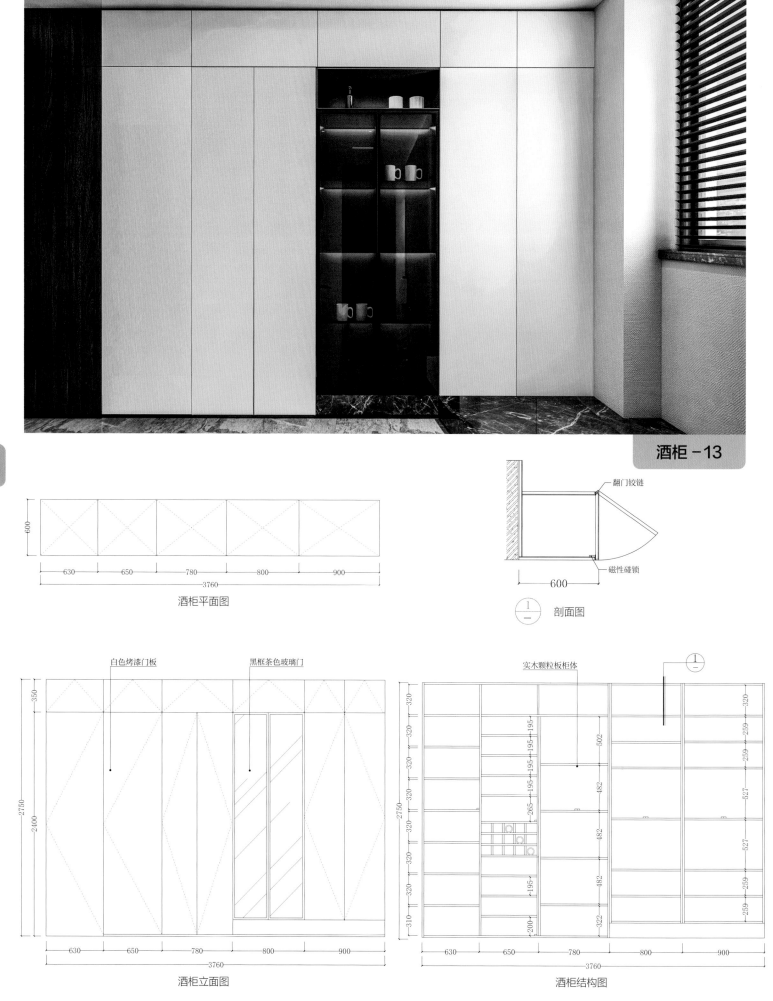

酒柜－13

翻门铰链

磁性碰锁

600

$\frac{1}{}$ 剖面图

600

650 780 800 900

630

3760

酒柜平面图

白色烤漆门板　　　　　黑框茶色玻璃门

350

2750

2400

630 650 780 800 900

3760

酒柜立面图

实木颗粒板柜体

320

320

320

320

320

320

320

310

195 195 195

265 195

195

200

502

482

482

482

322

320

259

259

527

527

259

259

2750

630 650 780 800 900

3760

酒柜结构图

酒柜-14

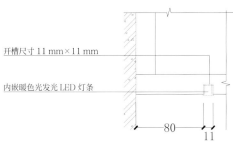

开槽尺寸 11 mm×11 mm

内嵌暖色光发光 LED 灯条

80   11

暗藏灯带节点图

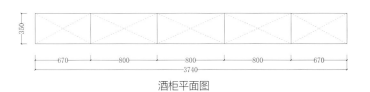

350

670   800   800   800   670

3740

酒柜平面图

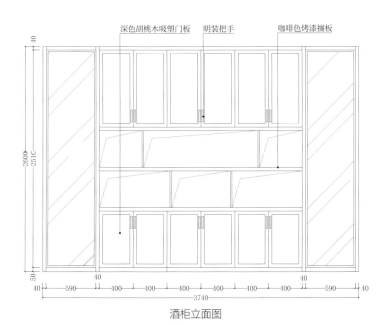

深色胡桃木吸塑门板   明装把手   咖啡色烤漆搁板

40

2600   2510

50

40   590   400   400   400   400   400   400   590   40

3740

酒柜立面图

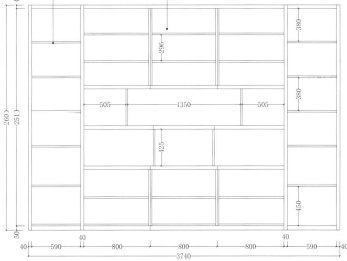

暗藏灯带   实木颗粒板柜体

40   380

2600   2510   296   380

505   1350   505

425

50   450

40   590   800   800   800   590   40

3740

酒柜结构图

酒柜 -15

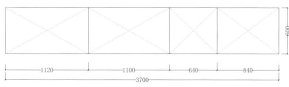

|1120|1100|640|840|
3700

酒柜平面图

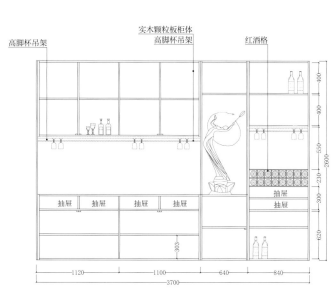

高脚杯吊架　实木颗粒板柜体　高脚杯吊架　红酒格

抽屉　抽屉　抽屉　抽屉

抽屉

抽屉

|1120|1100|640|840|
3700

酒柜结构图

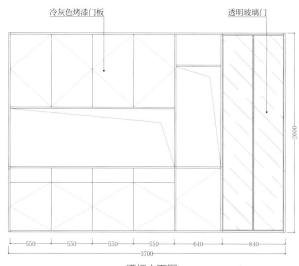

冷灰色烤漆门板　　　透明玻璃门

|550|550|550|550|640|840|
3700

2600

酒柜立面图

酒柜－16

酒柜平面图

铣槽把手　　　金框透明　　　　原木色开放格
　　　　　　　玻璃门

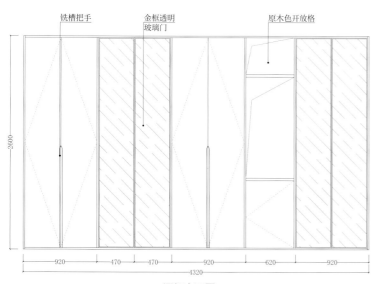

酒柜立面图

实木颗粒板柜体　　　　高脚杯吊架

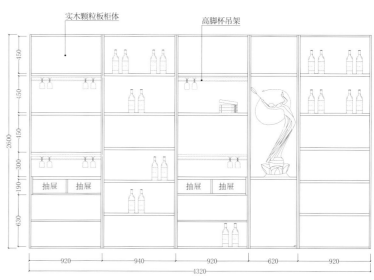

酒柜结构图

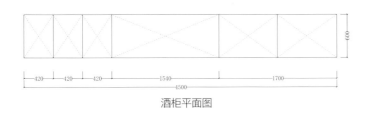

酒柜平面图

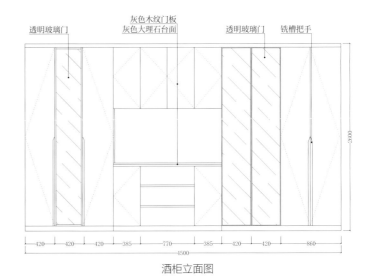

透明玻璃门　　灰色木纹门板　　　　　透明玻璃门　　铣槽把手
　　　　　　　灰色大理石台面

酒柜立面图

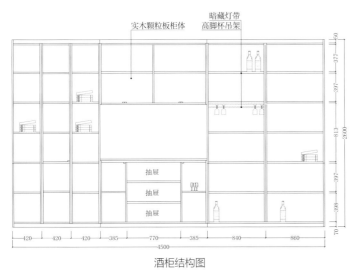

实木颗粒板柜体　　　暗藏灯带
　　　　　　　　　　高脚杯吊架

抽屉
抽屉
抽屉

酒柜结构图

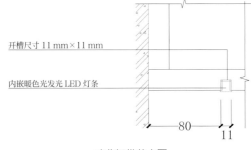

开槽尺寸 11 mm×11 mm

内嵌暖色光发光 LED 灯条

80
11

暗藏灯带节点图

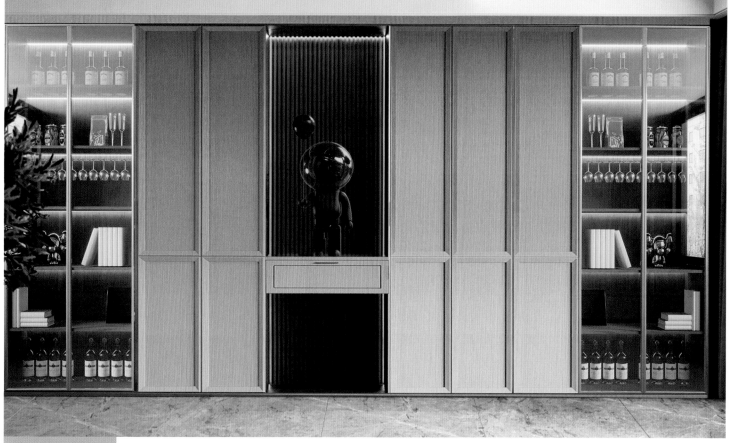

酒柜 -18

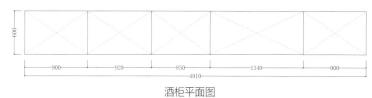

酒柜平面图

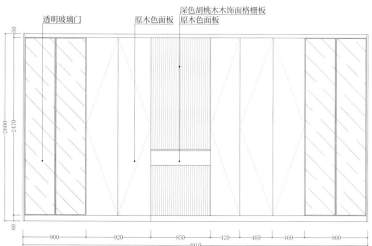

透明玻璃门　　　　原木色面板　　深色胡桃木木饰面格栅板
　　　　　　　　　　　　　　　　　原木色面板

酒柜立面图

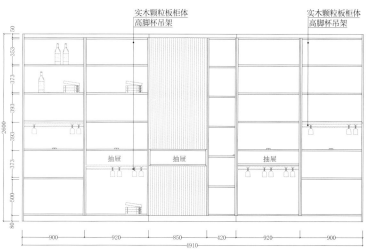

实木颗粒板柜体　　　　　　实木颗粒板柜体
高脚杯吊架　　　　　　　　高脚杯吊架

抽屉　　　抽屉　　　抽屉

酒柜结构图

酒柜-19

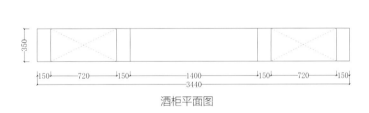

350

150　720　150　　　1400　　　150　720　150
3440

酒柜平面图

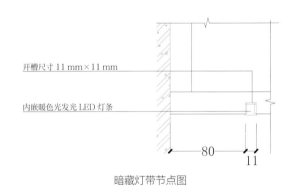

开槽尺寸 11 mm×11 mm

内嵌暖色光发光 LED 灯条

80

11

暗藏灯带节点图

白色烤漆长虹玻璃门　白色烤漆造型门板　明装拉手

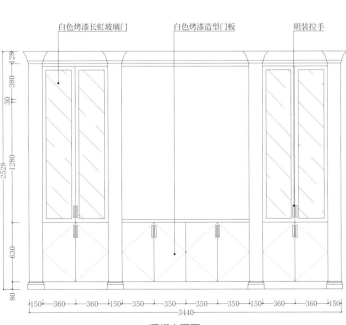

128
380
30
11
2528
1280

630

80

150　360　360　150　350　350　350　150　360　360　150
3440

酒柜立面图

实木颗粒板柜体
暗藏灯带　　　　壁画　　　　顶角线
造型柱

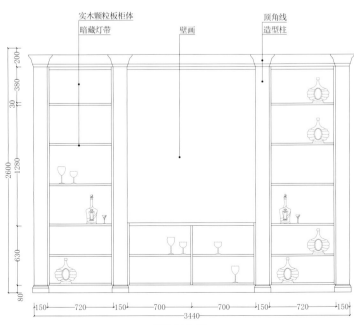

200
380
30
2600
1280

630

80

150　720　150　700　700　150　720　150
3440

酒柜结构图

酒柜-20

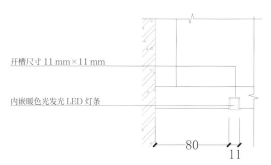

开槽尺寸 11 mm×11 mm

内嵌暖色光发光 LED 灯条

80

11

暗藏灯带节点图

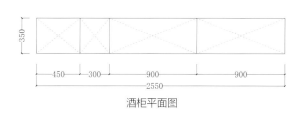

350

450　300　900　900

2550

酒柜平面图

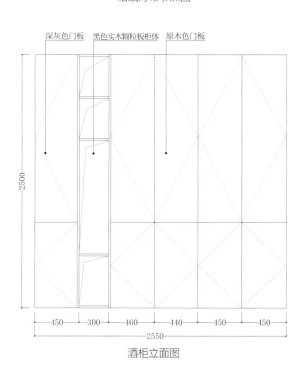

深灰色门板　黑色实木颗粒板柜体　原木色门板

2500

450　300　460　440　450　450

2550

酒柜立面图

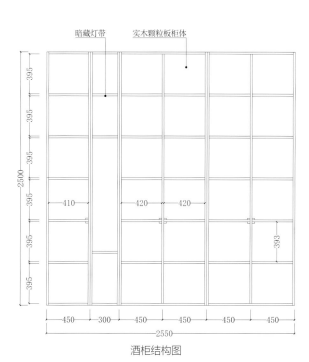

暗藏灯带　实木颗粒板柜体

395　395　395　395　395　395

2500

410　420　420

393

450　300　450　450　450　450

2550

酒柜结构图

酒柜－21

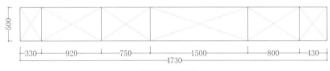

酒柜平面图

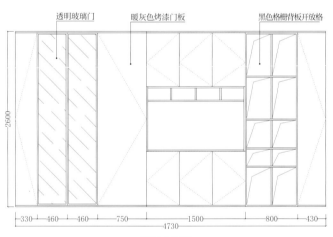

透明玻璃门　　暖灰色烤漆门板　　黑色格栅背板开放格

酒柜立面图

暗藏灯带　　　反弹器　实木颗粒板柜体

酒柜结构图

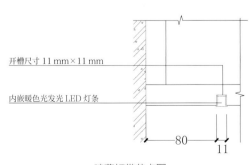

开槽尺寸 11 mm×11 mm

内嵌暖色光发光 LED 灯条

暗藏灯带节点图

酒柜-22

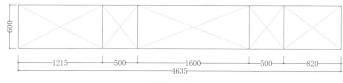

酒柜平面图

暖灰色烤漆门板   黑色实木颗粒板柜体

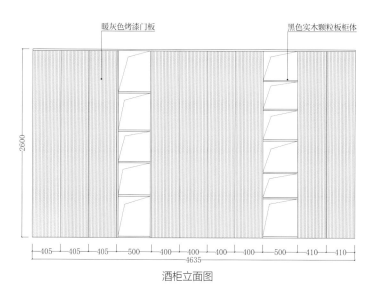

酒柜立面图

开槽尺寸 11 mm×11 mm

内嵌暖色光发光 LED 灯条

暗藏灯带节点图

暗藏灯带   实木颗粒板柜体
反弹器   高脚杯吊架

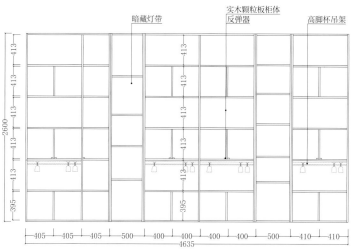

酒柜结构图

酒柜-23

酒柜平面图

灰色烤漆门板　　　　咖啡色烤漆搁板

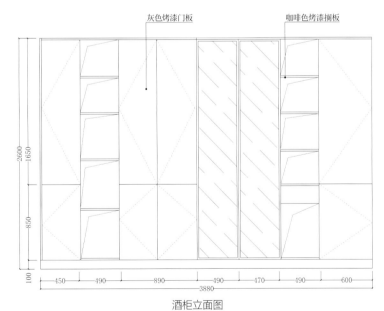

酒柜立面图

开槽尺寸 11 mm×11 mm

内嵌暖色光发光 LED 灯条

80　　11

暗藏灯带节点图

实木颗粒板柜体　　高脚杯吊架　　暗藏灯带

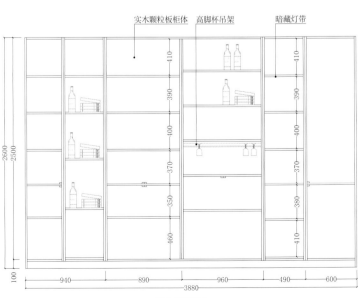

酒柜结构图

酒柜-24

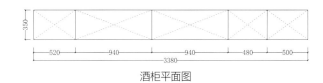

酒柜平面图

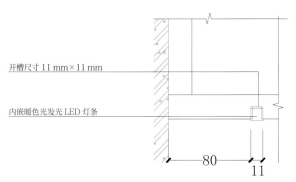

开槽尺寸 11 mm×11 mm

内嵌暖色光发光 LED 灯条

80

11

暗藏灯带节点图

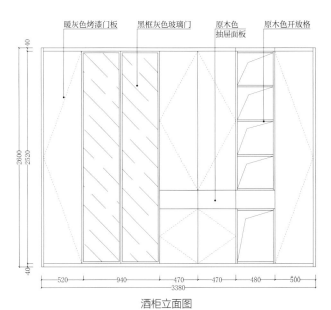

暖灰色烤漆门板　　黑框灰色玻璃门　　原木色抽屉面板　　原木色开放格

酒柜立面图

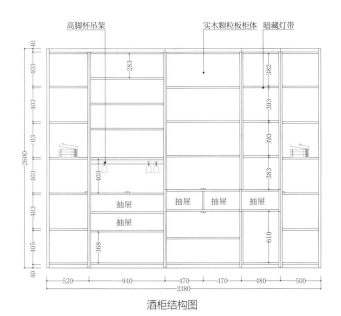

高脚杯吊架　　　　　实木颗粒板柜体　暗藏灯带

抽屉

抽屉　抽屉　抽屉

抽屉

酒柜结构图

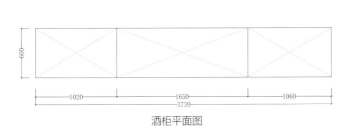

600
1020 1650 1060
3730

酒柜平面图

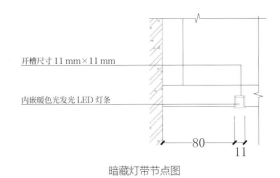

开槽尺寸 11 mm×11 mm

内嵌暖色光发光 LED 灯条

80   11

暗藏灯带节点图

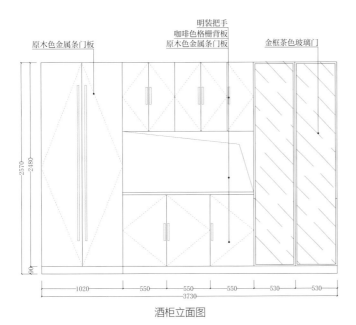

明装把手
咖啡色格栅背板
原木色金属条门板
原木色金属条门板   金框茶色玻璃门

2570
2480

1020 550 550 550 530 530
3730

酒柜立面图

实木颗粒板柜体   白色石材台面   暗藏灯带

500
233
223
223
223 390
223
223 368
223
223 386
223
415 450
415 100

2570
2480

1020 550 550 550 1060
3730

酒柜结构图

酒柜－26

开槽尺寸 11 mm×11 mm

内嵌暖色光发光 LED 灯条

80

11

暗藏灯带节点图

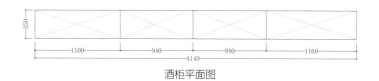

350

1100   940   940   1160

4140

酒柜平面图

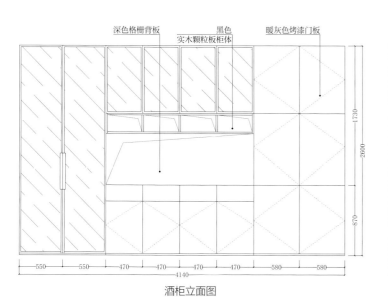

深色格栅背板   黑色   暖灰色烤漆门板
实木颗粒板柜体

2600

1730

870

550   550   470   470   470   470   580   580

4140

酒柜立面图

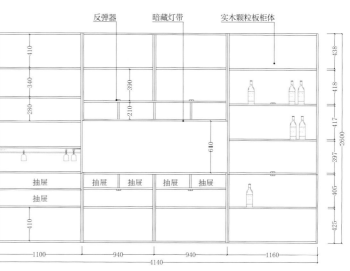

反弹器   暗藏灯带   实木颗粒板柜体

410

340

280

210

610

抽屉   抽屉 抽屉 抽屉 抽屉

抽屉

410

138

418

417

397

405

425

2600

1100   940   940   1160

4140

酒柜结构图

酒柜 – 27

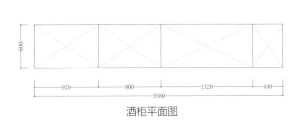

酒柜平面图

开槽尺寸 11 mm×11 mm

内嵌暖色光发光 LED 灯条

80

11

暗藏灯带节点图

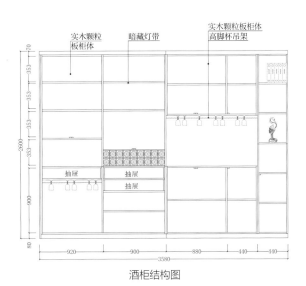

实木颗粒板柜体

暗藏灯带

实木颗粒板柜体
高脚杯吊架

实木颗粒板柜体

抽屉

抽屉

抽屉

酒柜结构图

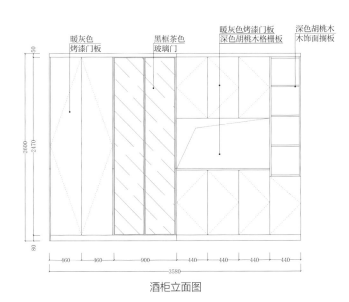

暖灰色
烤漆门板

黑框茶色
玻璃门

暖灰色烤漆门板
深色胡桃木格栅板

深色胡桃木
木饰面搁板

酒柜立面图

3 榻榻米

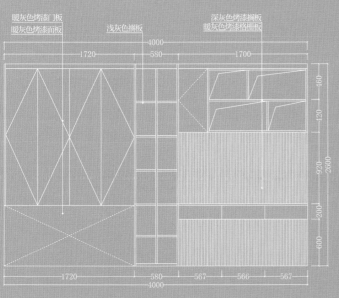

暖灰色烤漆门板
暖灰色烤漆面板　　浅灰色搁板　　　　深灰色烤漆搁板
　　　　　　　　　　　　　　　　暖灰色烤漆格栅板

4000
1720　　　　580　　　　1700

160
120
2600
620
400

1720　　　580　　567　　566　　567
4000

榻榻米会带给你多重惊喜，这个收纳小能手不仅能满足储物的需求，还兼具娱乐功能。在榻榻米上摆个小桌子，便可喝茶、下棋，带给你一分安静与闲适。偶尔家里来客人，它摇身一变，成为客房。

在一些大城市中，住小户型的人很多，如果不绞尽脑汁对空间进行极致利用，那么房间很有可能变成杂物间，日日整理日日乱，而榻榻米就能很好地解决这个问题。它不仅可以提供较大的收纳空间，还让房间功能更加多元化。在面积不大的房间中设计了榻榻米，便可以在其上方设计书柜、衣柜等柜体，轻松地集休闲、办公、学习等多种用途于一间。

榻榻米-01

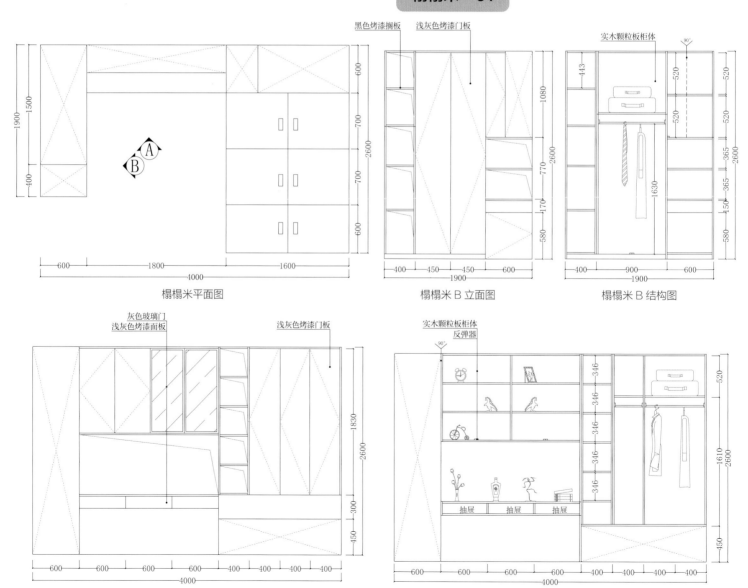

黑色烤漆搁板　浅灰色烤漆门板

实木颗粒板柜体

榻榻米平面图　　　　榻榻米 B 立面图　　　　榻榻米 B 结构图

灰色玻璃门
浅灰色烤漆面板　　　　浅灰色烤漆门板

实木颗粒板柜体
反弹器

抽屉　　抽屉　　抽屉

榻榻米 A 立面图　　　　榻榻米 A 结构图

开槽尺寸 11 mm×11 mm

内嵌暖色光发光 LED 灯条

80

11

暗藏灯带节点图

榻榻米－02

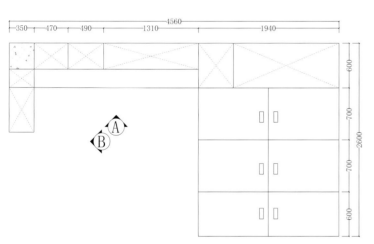

350 | 470 | 490 | 1310 | 4560 | 1940

600

700

700

600

2600

Ⓐ
Ⓑ

榻榻米平面图

柚木色木纹
格栅门板　深灰色搁板

600 | 600
1200

2600

榻榻米 B 立面图

欧松板打底
暖灰色饰面板

90°

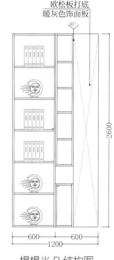

600 | 600
1200

2600

榻榻米 B 结构图

柚木色开放格　　柚木色木纹门板

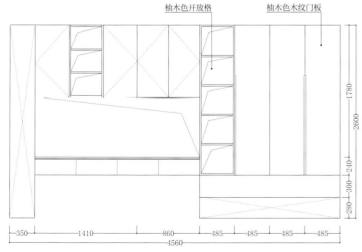

1780

240

2600

300

280

350 | 1410 | 860 | 485 | 485 | 485 | 485
4560

榻榻米 A 立面图

90°　暗藏灯带　　　　实木颗粒板柜体

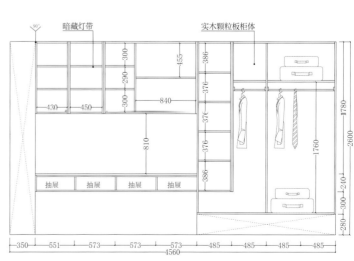

300
300
290
300
455
386
386
430 | 450
840
376
376
810
376
376
386
1760
1780
240
2600
300
280

抽屉 | 抽屉 | 抽屉 | 抽屉

350 | 551 | 573 | 573 | 573 | 485 | 485 | 485 | 485
4560

榻榻米 A 结构图

056

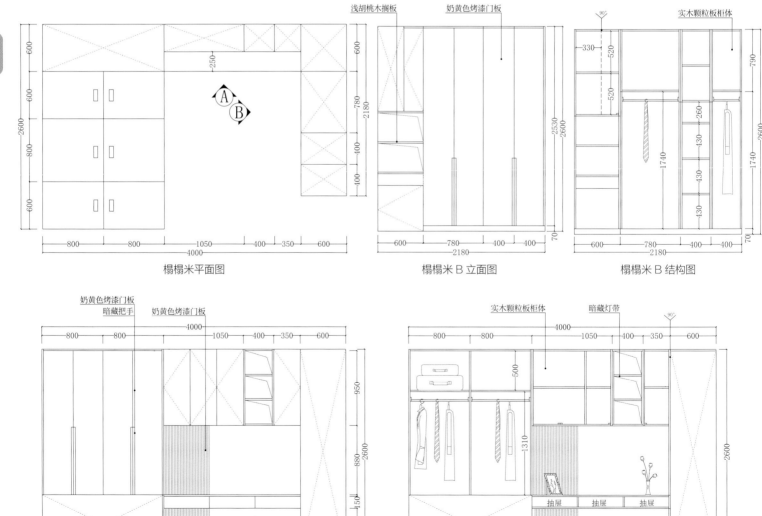

浅胡桃木搁板　　奶黄色烤漆门板

实木颗粒板柜体

榻榻米平面图　　　　榻榻米 B 立面图　　　　榻榻米 B 结构图

奶黄色烤漆门板
暗藏把手　奶黄色烤漆门板

实木颗粒板柜体　　暗藏灯带

榻榻米 A 立面图　　　　　　　　榻榻米 A 结构图

抽屉　抽屉　抽屉

榻榻米-04

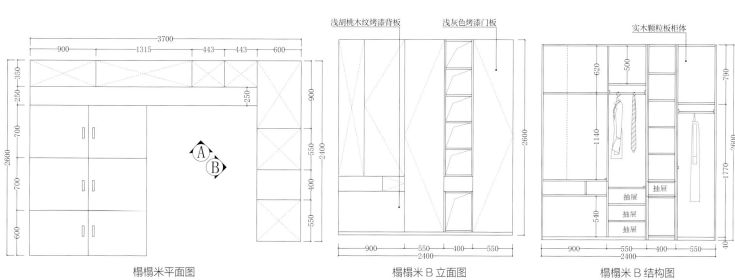

浅胡桃木纹烤漆背板　　浅灰色烤漆门板　　实木颗粒板柜体

榻榻米平面图　　榻榻米 B 立面图　　榻榻米 B 结构图

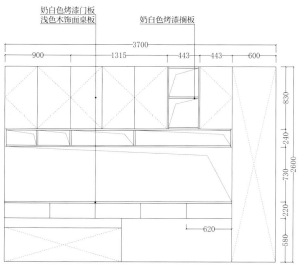

奶白色烤漆门板
浅色木饰面桌板　　奶白色烤漆搁板

榻榻米 A 立面图

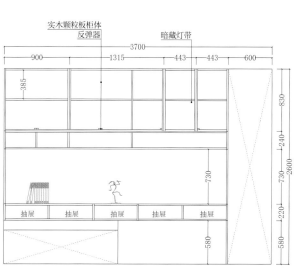

实木颗粒板柜体
反弹器　　暗藏灯带

榻榻米 A 结构图

榻榻米-05

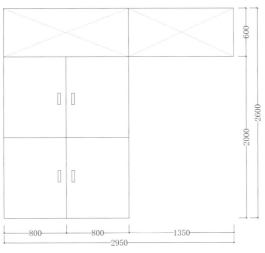

榻榻米平面图

开槽尺寸 11 mm×11 mm

内嵌暖色光发光 LED 灯条

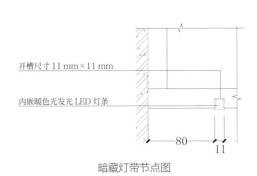

暗藏灯带节点图

暖白色烤漆门板　　　　藕荷色实木颗粒板

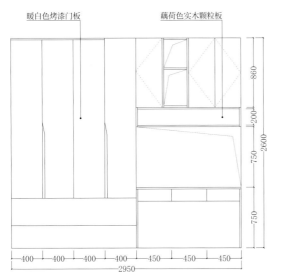

榻榻米立面图

实木颗粒板柜体
暗藏灯带

榻榻米结构图

榻榻米-06

开槽尺寸 11 mm×11 mm

内嵌暖色光发光 LED 灯条

80

11

暗藏灯带节点图

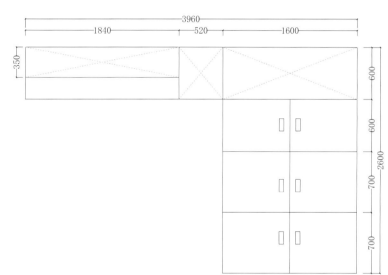

3960

1840　　520　　1600

350

600

600

2600

700

700

榻榻米平面图

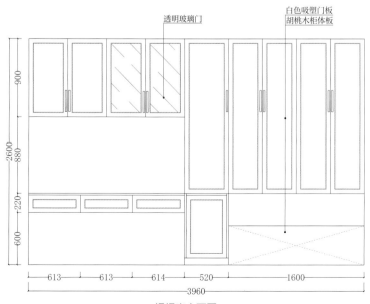

透明玻璃门　　白色吸塑门板
　　　　　　　胡桃木柜体板

900

2600

880

220

600

613　613　614　520　1600

3960

榻榻米立面图

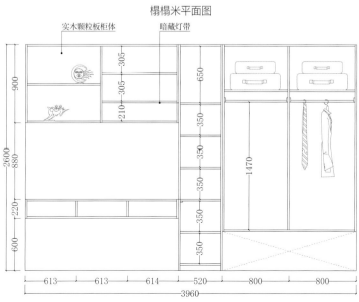

实木颗粒板柜体　　暗藏灯带

305

305

210　305

650

350

350

900

2600

880

350

1470

220

350

600

350

613　613　614　520　800　800

3960

榻榻米结构图

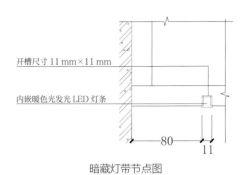

开槽尺寸 11 mm×11 mm

内嵌暖色光发光 LED 灯条

80   11

暗藏灯带节点图

榻榻米-07

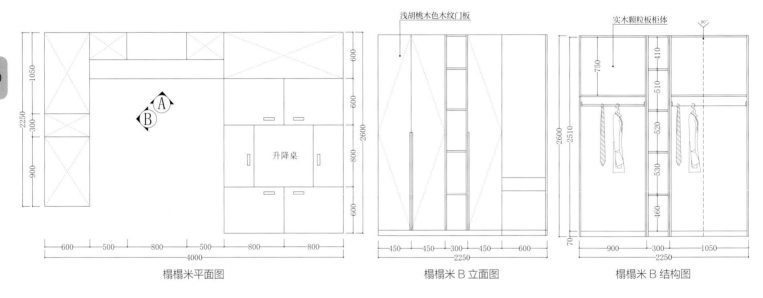

榻榻米平面图

升降桌

浅胡桃木色木纹门板

榻榻米 B 立面图

实木颗粒板柜体

榻榻米 B 结构图

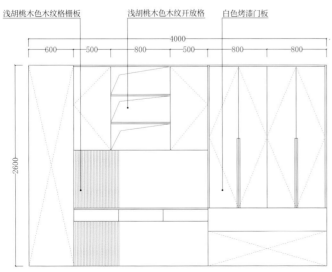

浅胡桃木色木纹格栅板　　浅胡桃木色木纹开放格　　白色烤漆门板

抽屉　　抽屉　　抽屉

榻榻米 A 立面图

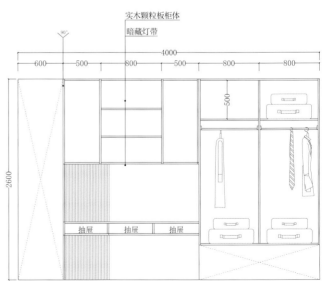

实木颗粒板柜体
暗藏灯带

榻榻米 A 结构图

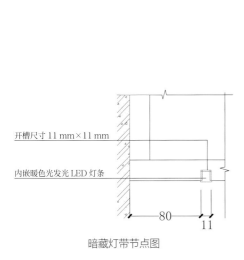

开槽尺寸 11 mm×11 mm

内嵌暖色光发光 LED 灯条

80

11

暗藏灯带节点图

榻榻米－08

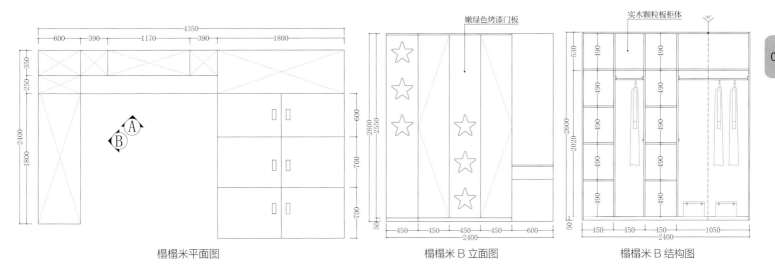

榻榻米平面图

嫩绿色烤漆门板

榻榻米 B 立面图

实木颗粒板柜体

榻榻米 B 结构图

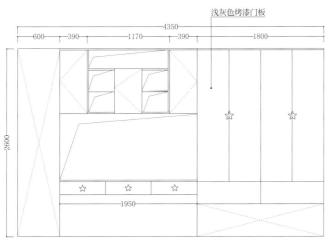

浅灰色烤漆门板

榻榻米 A 立面图

暗藏灯带 绿色开放格 实木颗粒板柜体

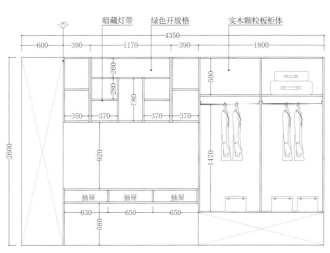

榻榻米 A 结构图

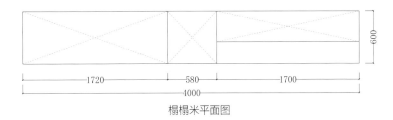

1720　580　1700
4000
600

榻榻米平面图

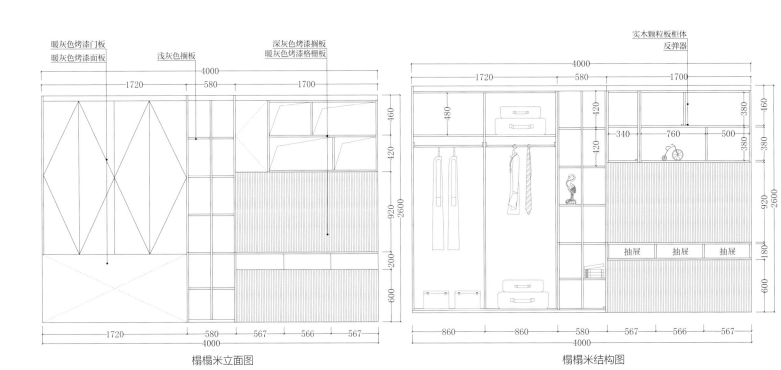

暖灰色烤漆门板
暖灰色烤漆面板　　浅灰色搁板　　深灰色烤漆搁板
暖灰色烤漆格栅板

实木颗粒板柜体
反弹器

榻榻米立面图　　　　　　榻榻米结构图

榻榻米 -10

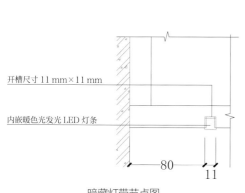

开槽尺寸 11 mm×11 mm

内嵌暖色光发光 LED 灯条

80

11

暗藏灯带节点图

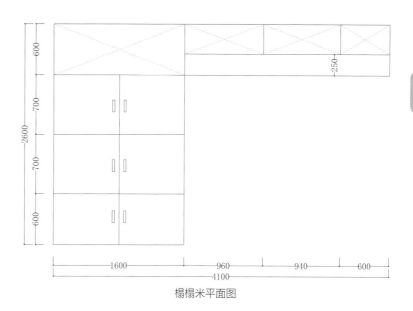

600

250

700

2600

700

600

1600　　960　　940　　600

4100

榻榻米平面图

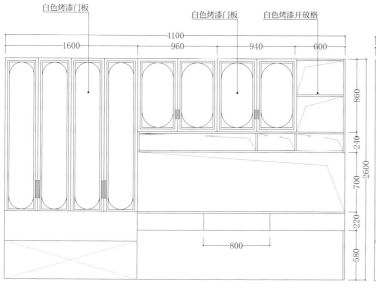

白色烤漆门板　　白色烤漆门板　白色烤漆开放格

4100

1600　　960　　940　　600

860

240

2600

700

220

580

800

榻榻米立面图

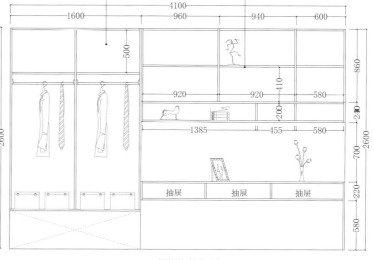

实木颗粒板柜体　　暗藏灯带

4100

1600　　960　　940　　600

500

860

920　　920　　410　　580

200

2600

1385　　455　　580

700

抽屉　　抽屉　　抽屉

220

580

榻榻米结构图

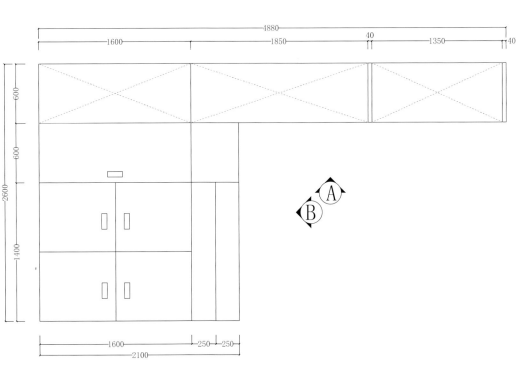

榙榙米 -11

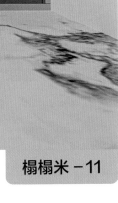

4880
1600　　　　　1850　　40　　　1350　　40

600

600

2600

1400

1600　　250 250
2100

榙榙米平面图

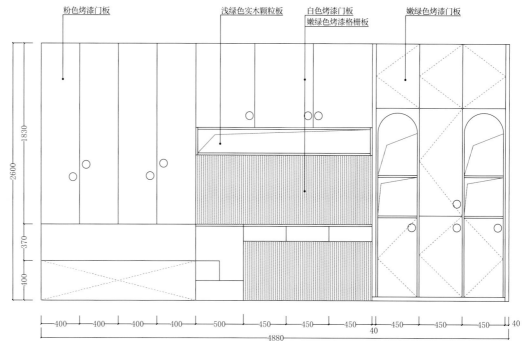

粉色烤漆门板　　　　　　　　浅绿色实木颗粒板　　白色烤漆门板　　　　　嫩绿色烤漆门板
　　　　　　　　　　　　　　　　　　　　　　　嫩绿色烤漆格栅板

榻榻米 A 立面图

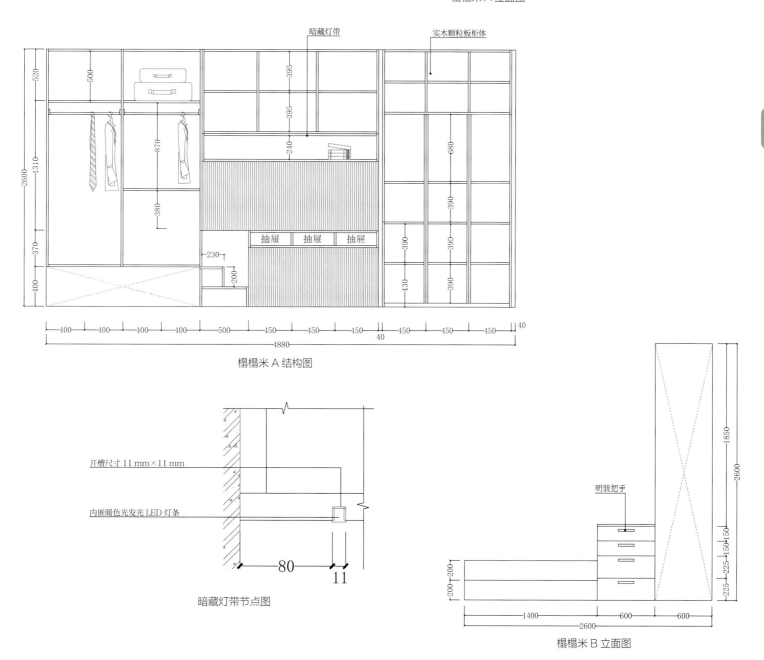

暗藏灯带　　　　　实木颗粒板柜体

抽屉　　抽屉　　抽屉

榻榻米 A 结构图

开槽尺寸 11 mm×11 mm

内嵌暖色光发光 LED 灯条

80

11

暗藏灯带节点图

明装把手

榻榻米 B 立面图

榻榻米 -12

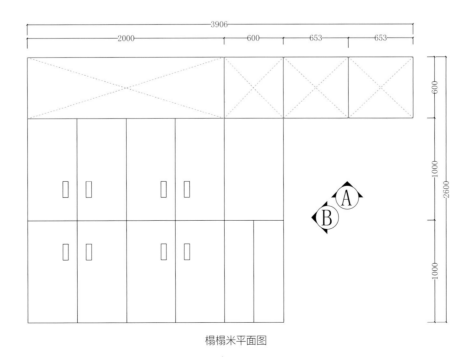

榻榻米平面图

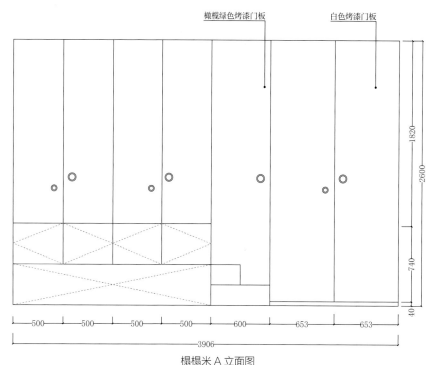

橄榄绿色烤漆门板　　白色烤漆门板

榻榻米 A 立面图

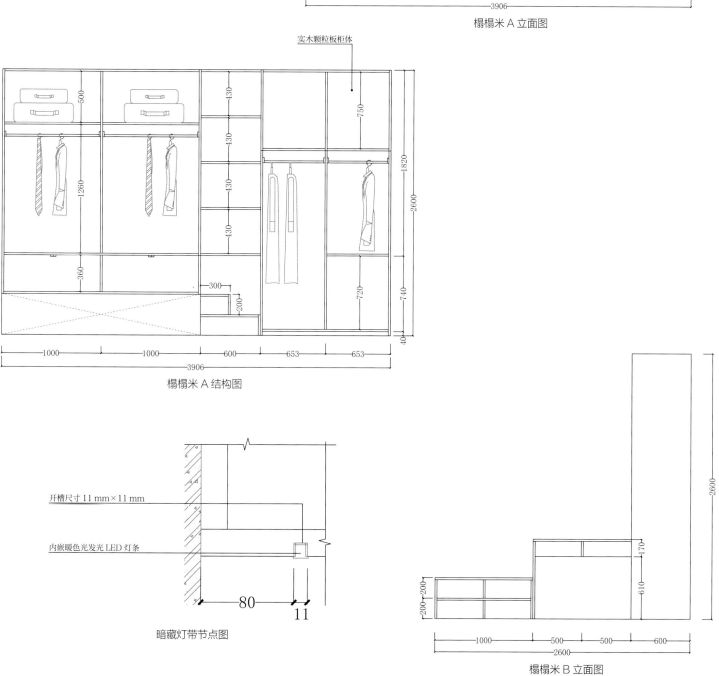

实木颗粒板柜体

榻榻米 A 结构图

开槽尺寸 11 mm×11 mm

内嵌暖色光发光 LED 灯条

暗藏灯带节点图

榻榻米 B 立面图

榻榻米 -13

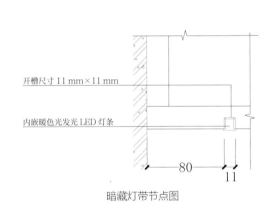

开槽尺寸 11 mm×11 mm

内嵌暖色光发光 LED 灯条

80

11

暗藏灯带节点图

榻榻米平面图

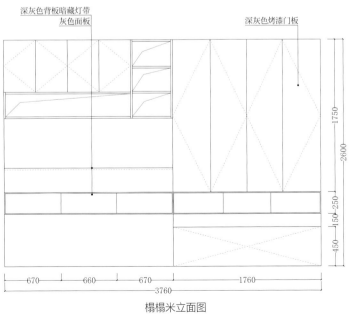

深灰色背板暗藏灯带
灰色面板

深灰色烤漆门板

榻榻米立面图

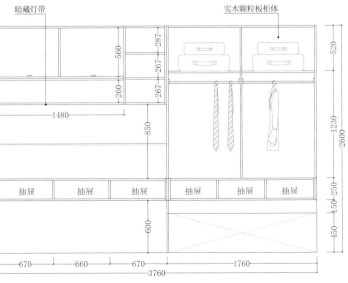

暗藏灯带

实木颗粒板柜体

抽屉 抽屉 抽屉 抽屉 抽屉 抽屉

榻榻米结构图

榻榻米-14

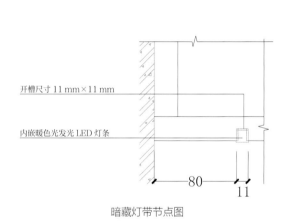

开槽尺寸 11 mm×11 mm

内嵌暖色光发光 LED 灯条

80

11

暗藏灯带节点图

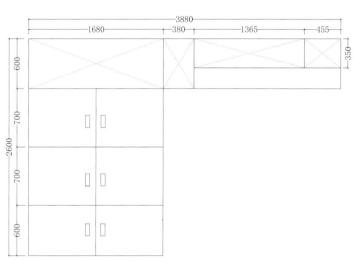

3880

1680   380   1365   455

350

600

700

2600   700

600

榻榻米平面图

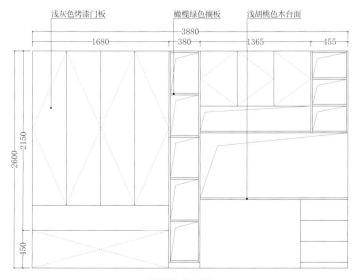

浅灰色烤漆门板   橄榄绿色搁板   浅胡桃色木台面

3880

1680   380   1365   455

2600   2150

450

榻榻米立面图

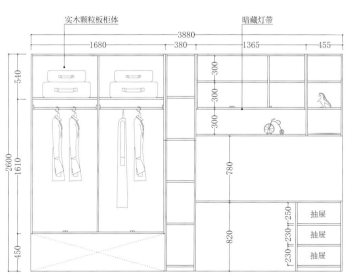

实木颗粒板柜体   暗藏灯带

3880

1680   380   1365   455

540

300
300
300

2600   1610

780

820

230 230 250

抽屉

抽屉

抽屉

450

榻榻米结构图

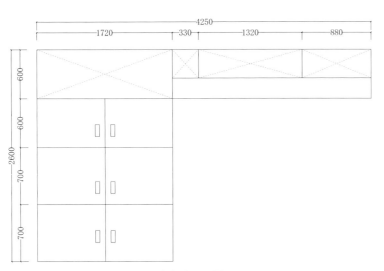

榻榻米平面图

开槽尺寸 11 mm×11 mm

内嵌暖色光发光 LED 灯条

80

11

暗藏灯带节点图

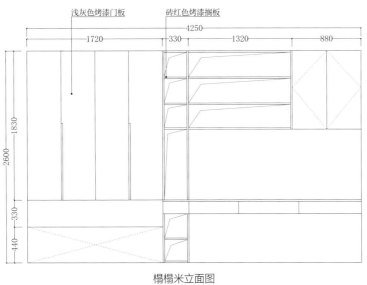

浅灰色烤漆门板

砖红色烤漆搁板

榻榻米立面图

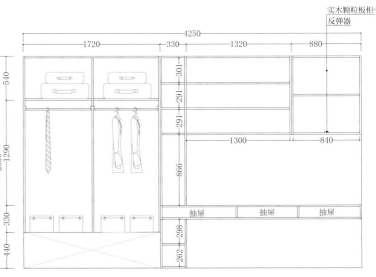

实木颗粒板柜
反弹器

抽屉　抽屉　抽屉

榻榻米结构图

榻榻米-16

开槽尺寸 11 mm×11 mm

内嵌暖色光发光 LED 灯条

80

11

暗藏灯带节点图

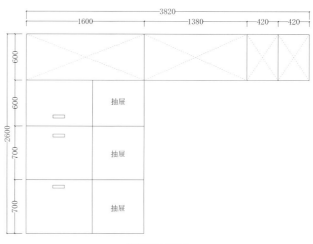

抽屉

抽屉

抽屉

榻榻米平面图

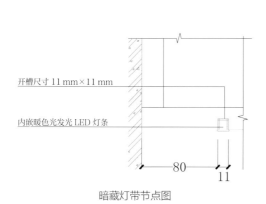

暖白色烤漆门板　　　　原木色木饰面搁板

榻榻米立面图

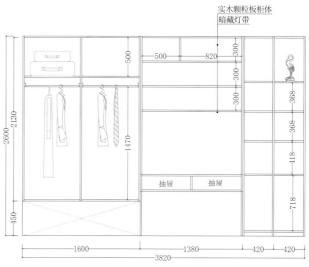

实木颗粒板柜体
暗藏灯带

抽屉　　抽屉

榻榻米结构图

榻榻米 –17

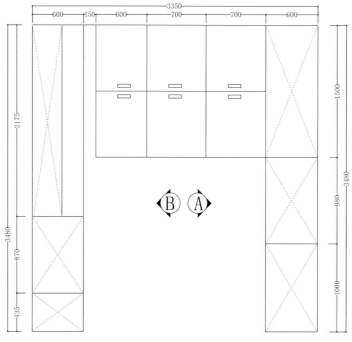

榻榻米平面图

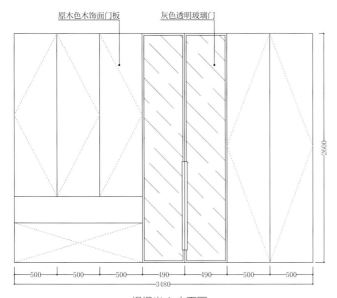

原木色木饰面门板　　　灰色透明玻璃门

500　500　500　490　490　500　500
3480

榻榻米 A 立面图

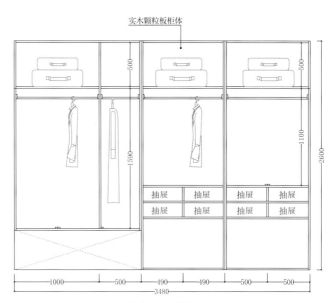

实木颗粒板柜体

500　500　1100　2600

1000　500　490　490　500　500
3480

榻榻米 A 结构图

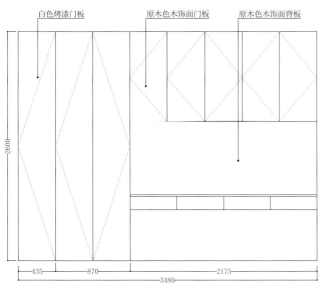

白色烤漆门板　　　原木色木饰面门板　　　原木色木饰面背板

2600

435　870　2175
3480

榻榻米 B 立面图

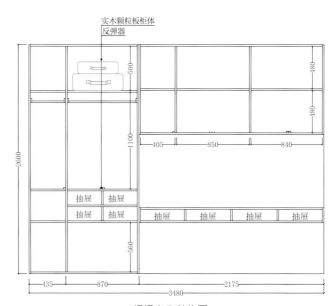

实木颗粒板柜体
反弹器

2600　500　1100　560　480　480

405　850　840
435　870　2175
3480

榻榻米 B 结构图

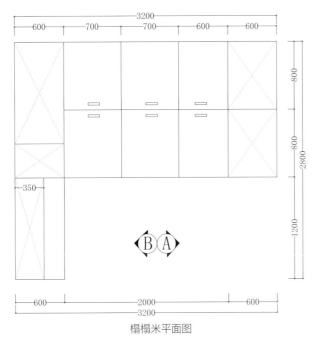

榻榻米平面图

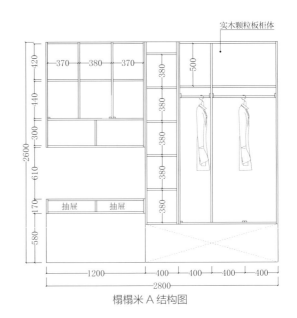

实木颗粒板柜体

抽屉　抽屉

榻榻米 A 结构图

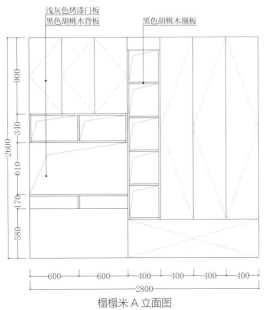

浅灰色烤漆门板
黑色胡桃木背板　　黑色胡桃木搁板

榻榻米 A 立面图

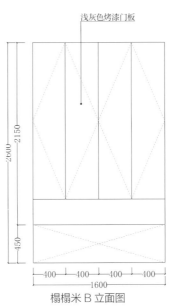

浅灰色烤漆门板

榻榻米 B 立面图

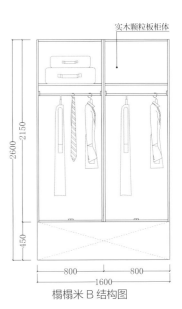

实木颗粒板柜体

榻榻米 B 结构图

4 衣柜

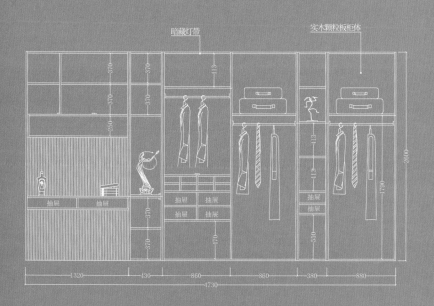

精致的衣柜不仅能满足收纳大量心爱衣物的需求，还可以起到装饰作用，成为家中一道亮丽的风景线。

随着定制衣柜要求的工艺越来越高，衣柜的风格、造型也呈现更为丰富的变化。衣柜设计已经不仅仅只注重收纳功能，更是体现室内设计水平尤为重要的一项，是提升家居生活品质的关键因素之一。

衣柜设计可以根据自己喜欢的款式、颜色以及室内格局来进行定制。不规则的卧室空间，可以通过定制衣柜让整个卧室看起来更规整。衣柜还可以与梳妆柜、书柜等做成组合柜，在节省空间的同时，满足业主的实用及审美需求。

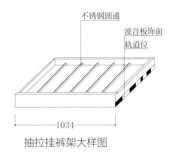

不锈钢圆通
波音板饰面
轨道位
1034

抽拉挂裤架大样图

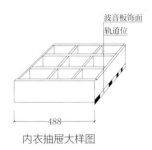

波音板饰面
轨道位
488

内衣抽屉大样图

衣柜－01

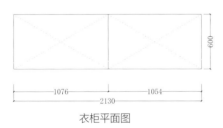

600
1076   1054
2130

衣柜平面图

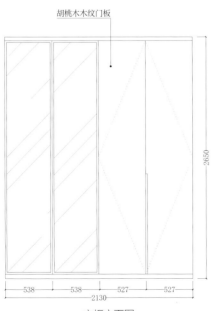

胡桃木木纹门板

538   538   527   527
2130

衣柜立面图

2650

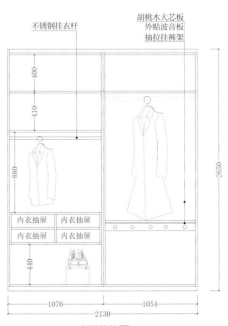

不锈钢挂衣杆

胡桃木大芯板
外贴波音板饰面
抽拉挂裤架

400
410
880

内衣抽屉   内衣抽屉
内衣抽屉   内衣抽屉

440

1076   1054
2130

2650

衣柜结构图

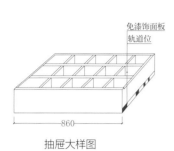

免漆饰面板
轨道位

抽屉大样图

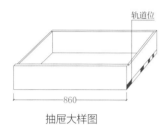

轨道位

抽屉大样图

衣柜-02

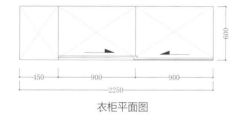

衣柜平面图

奶油色混油推拉门
纯白色踢脚线

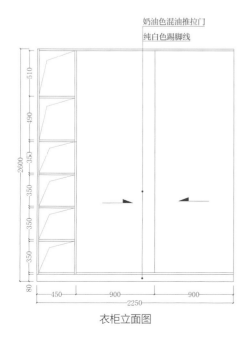

衣柜立面图

不锈钢挂衣杆

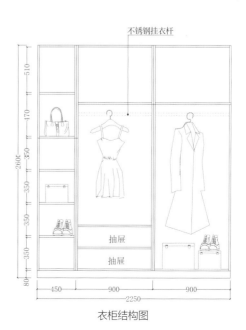

抽屉
抽屉

衣柜结构图

衣柜－03

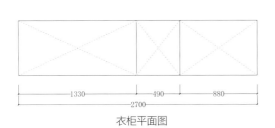

衣柜平面图

1330   490   880
2700

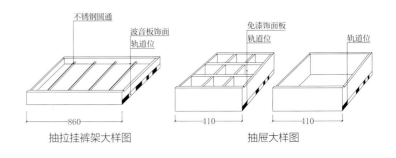

不锈钢圆通
波音板饰面
轨道位

免漆饰面板
轨道位
轨道位

860   410   410

抽拉挂裤架大样图   抽屉大样图

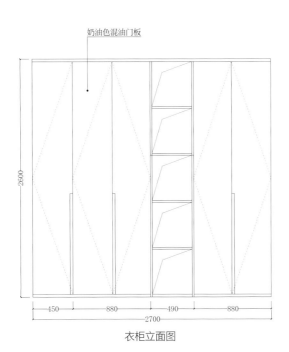

奶油色混油门板

450   880   490   880
2600
2700

衣柜立面图

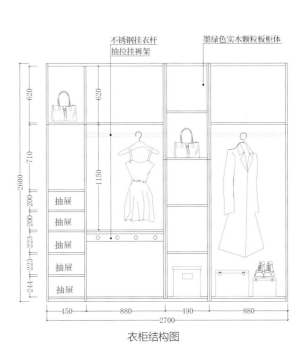

不锈钢挂衣杆
抽拉挂裤架   墨绿色实木颗粒板柜体

620   620   710   1150   200   200   223   223   223   244

抽屉
抽屉
抽屉
抽屉
抽屉

2600

450   880   490   880
2700

衣柜结构图

衣柜 -04

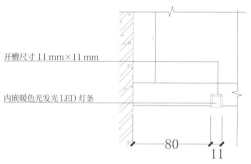

开槽尺寸 11 mm×11 mm

内嵌暖色光发光 LED 灯条

80

11

暗藏灯带节点图

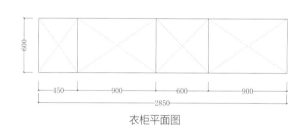

600

450　900　600　900

2850

衣柜平面图

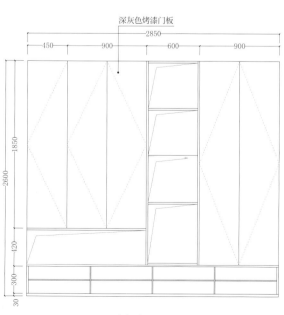

深灰色烤漆门板

2850

450　900　600　900

1850

2600

120

300

30

衣柜立面图

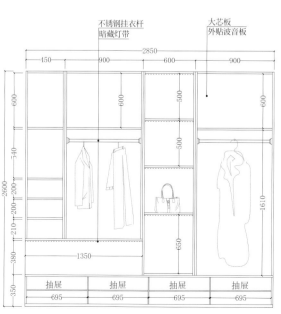

不锈钢挂衣杆
暗藏灯带

大芯板
外贴波音板

2850

450　900　600　900

600　600　500　600

340　500

2600　200

210

380　1350　650　1610

350

抽屉　抽屉　抽屉　抽屉

695　695　695　695

衣柜结构图

衣柜-05

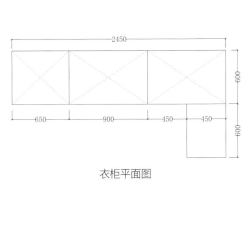

2450

600

600

650   900   450   450

衣柜平面图

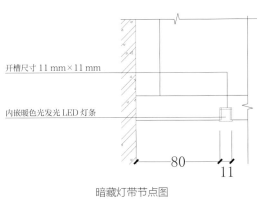

开槽尺寸 11 mm×11 mm

内嵌暖色光发光 LED 灯条

80   11

暗藏灯带节点图

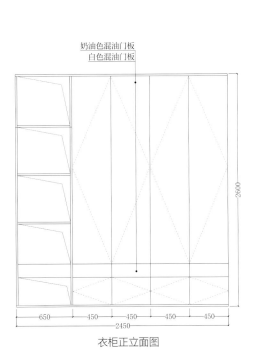

奶油色混油门板
白色混油门板

2600

650   450   450   450

2450

衣柜正立面图

2100

白色混油
床头柜

2600

150   350

600   600

衣柜侧视图

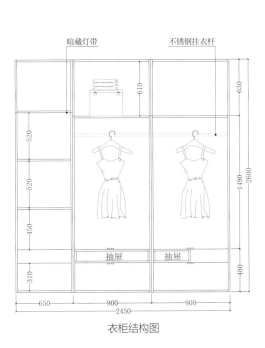

暗藏灯带   不锈钢挂衣杆

610   630

520

520   1490   2600

450

310   480

650   900   900

2450

衣柜结构图

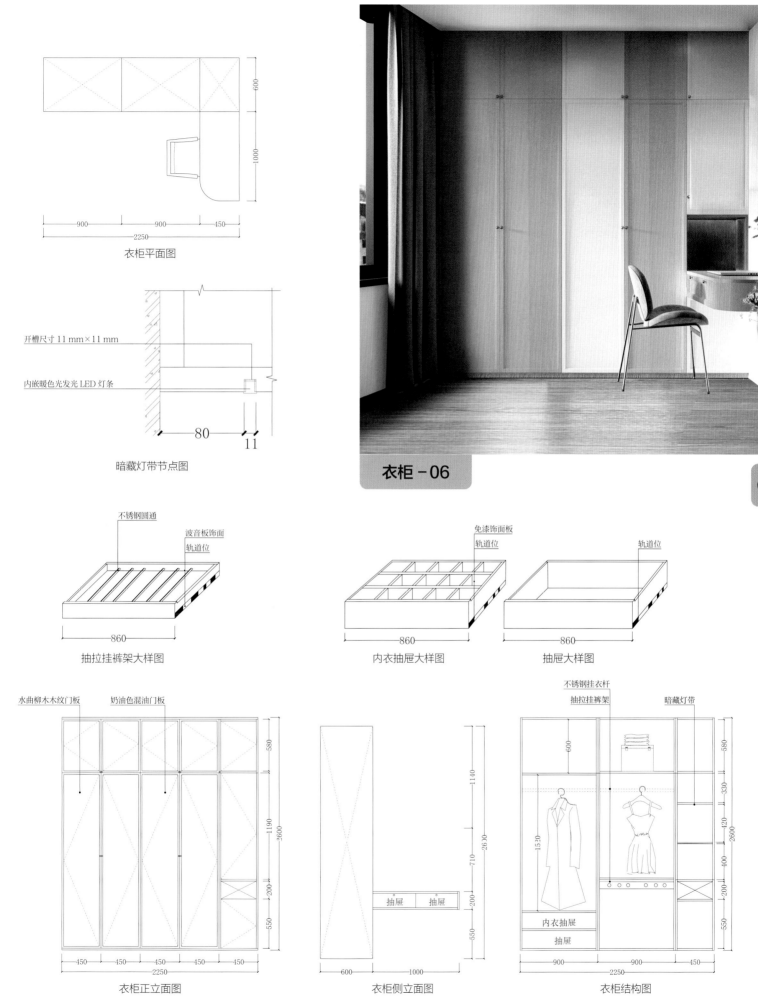

衣柜平面图

600

1000

900   900   450

2250

开槽尺寸 11 mm×11 mm

内嵌暖色光发光 LED 灯条

80

11

暗藏灯带节点图

不锈钢圆通

波音板饰面

轨道位

860

抽拉挂裤架大样图

免漆饰面板

轨道位

轨道位

860

内衣抽屉大样图

860

抽屉大样图

衣柜-06

水曲柳木木纹门板   奶油色混油门板

580

1190

2600

200

550

450   450   450   450   450

2250

衣柜正立面图

1140

710

2630

200

550

抽屉   抽屉

600

1000

衣柜侧立面图

不锈钢挂衣杆

抽拉挂裤架   暗藏灯带

600

1520

内衣抽屉

抽屉

580

330

420

2600

400

200

550

900   900   450

2250

衣柜结构图

衣柜-07

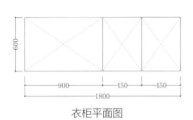

衣柜平面图

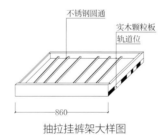

不锈钢圆通
实木颗粒板
轨道位

抽拉挂裤架大样图

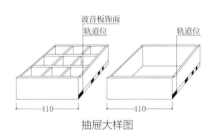

波音板饰面
轨道位
轨道位

抽屉大样图

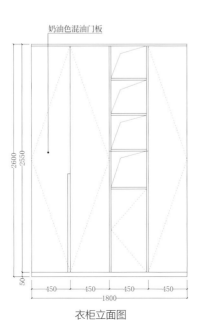

奶油色混油门板

衣柜立面图

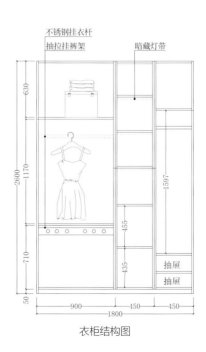

不锈钢挂衣杆
抽拉挂裤架
暗藏灯带

抽屉
抽屉

衣柜结构图

衣柜-08

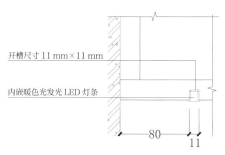

开槽尺寸 11 mm×11 mm

内嵌暖色光发光 LED 灯条

80
11

暗藏灯带节点图

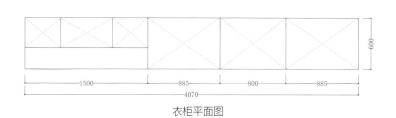

1500　　885　　800　　885
4070

600

衣柜平面图

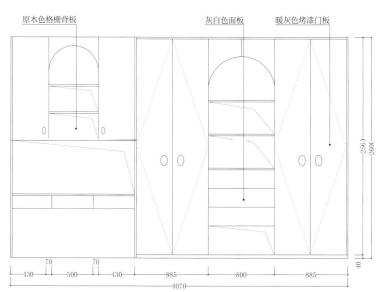

原木色格栅背板　　　　灰白色面板　　暖灰色烤漆门板

70　70
430　500　430　　885　　800　　885
4070

2560
2600

40

衣柜立面图

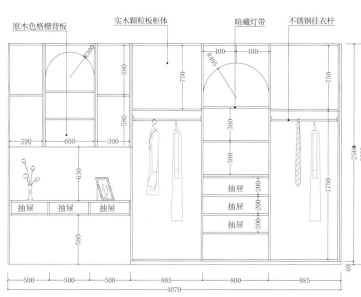

原木色格栅背板　　实木颗粒板柜体　　暗藏灯带　　不锈钢挂衣杆

R300
580
750
580
R405
400　400
750
390　600　390
380
630
380
200 200
200 200 200
抽屉
抽屉　抽屉　抽屉
抽屉
抽屉
抽屉
580
1750

500　500　500　　885　　800　　885
4070

2560
2600

40

衣柜结构图

| 1320 | 430 | 860 | 860 | 380 | 880 |

4730

衣柜平面图

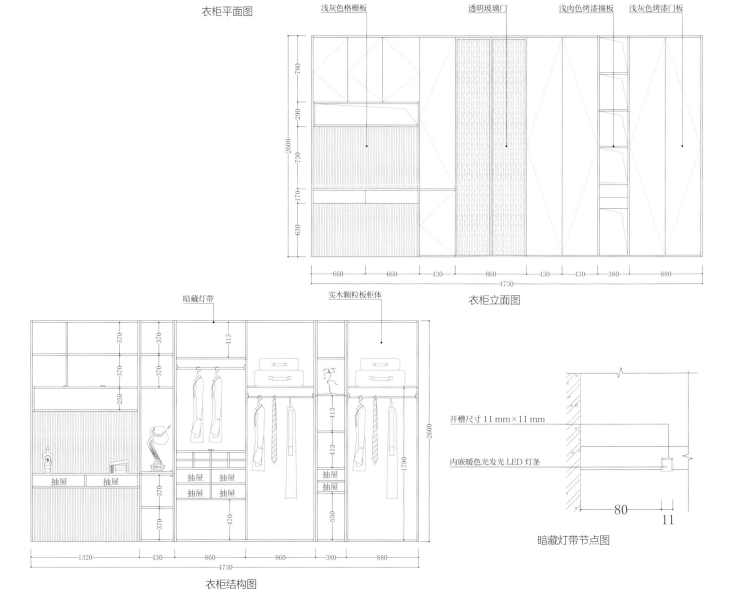

浅灰色格栅板　　　　　透明玻璃门　　　浅肉色烤漆搁板　浅灰色烤漆门板

780　290　730　170　630

2600

| 660 | 660 | 430 | 860 | 430 | 430 | 380 | 880 |

4730

衣柜立面图

暗藏灯带　　　　　　　　实木颗粒板柜体

370　370　370　370　250　413　413　413　370　370　470　550　1790

2600

抽屉　抽屉　　抽屉　抽屉　抽屉　抽屉　抽屉　抽屉

| 1320 | 430 | 860 | 860 | 380 | 880 |

4730

衣柜结构图

开槽尺寸 11 mm×11 mm

内嵌暖色光发光 LED 灯条

80　　11

暗藏灯带节点图

衣柜 -10

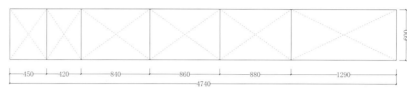

450　420　840　860　880　1290

4740

600

衣柜平面图

冷灰色烤漆门板　　透明玻璃门

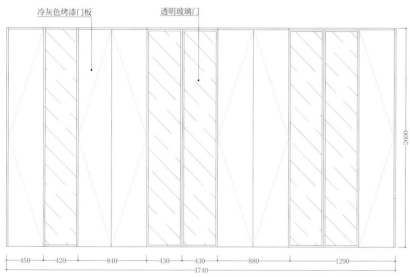

450　420　840　430　430　880　1290

4740

2600

衣柜立面图

暗藏灯带　　　实木颗粒板柜体

开槽尺寸 11 mm × 11 mm

内嵌暖色光发光 LED 灯条

80　11

暗藏灯带节点图

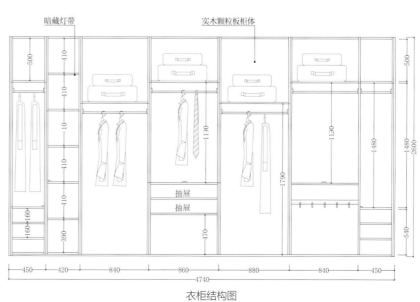

450　420　840　860　880　840　450

4740

衣柜结构图

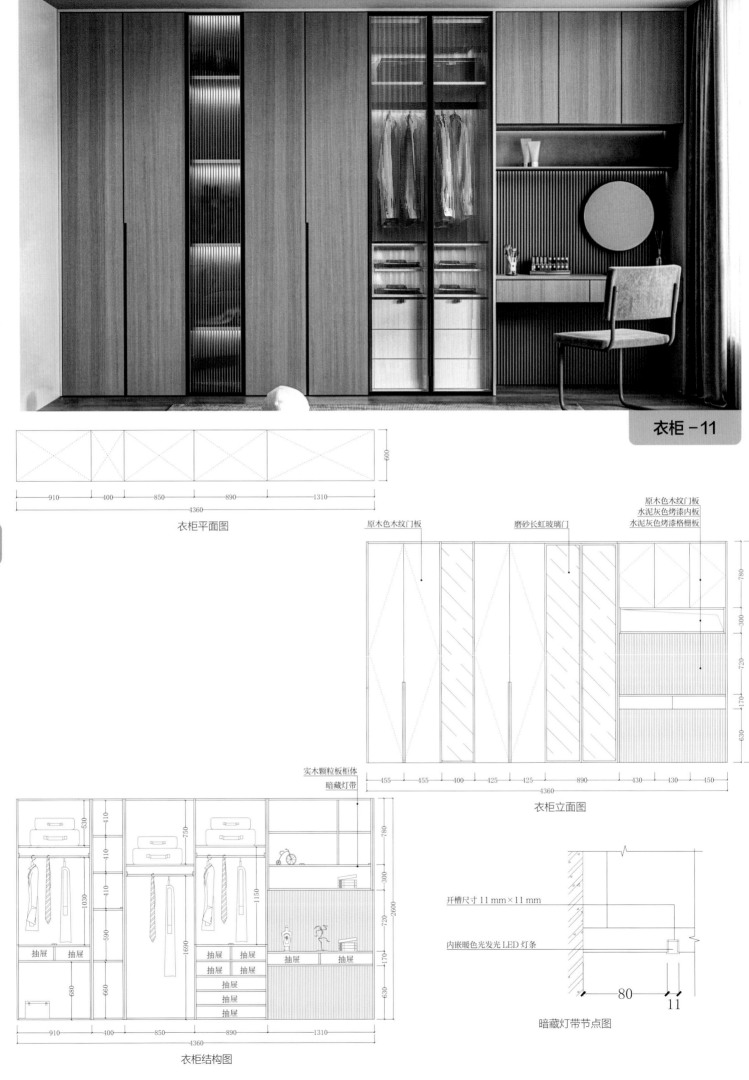

衣柜-11

原木色木纹门板
水泥灰色烤漆内板
水泥灰色烤漆格栅板

原木色木纹门板

磨砂长虹玻璃门

衣柜平面图

910　400　850　890　1310
4360
600

实木颗粒板柜体
暗藏灯带

衣柜立面图

455　455　400　425　425　890　430　430　450
4360
780　300　720　170　630　2600

衣柜结构图

抽屉　抽屉
抽屉　抽屉
抽屉
抽屉
抽屉

910　400　850　890　1310
4360

530　410　410　410　590　680　1030　750　1150　1690　660

780　300　720　170　630　2600

暗藏灯带节点图

开槽尺寸 11 mm×11 mm

内嵌暖色光发光 LED 灯条

80　11

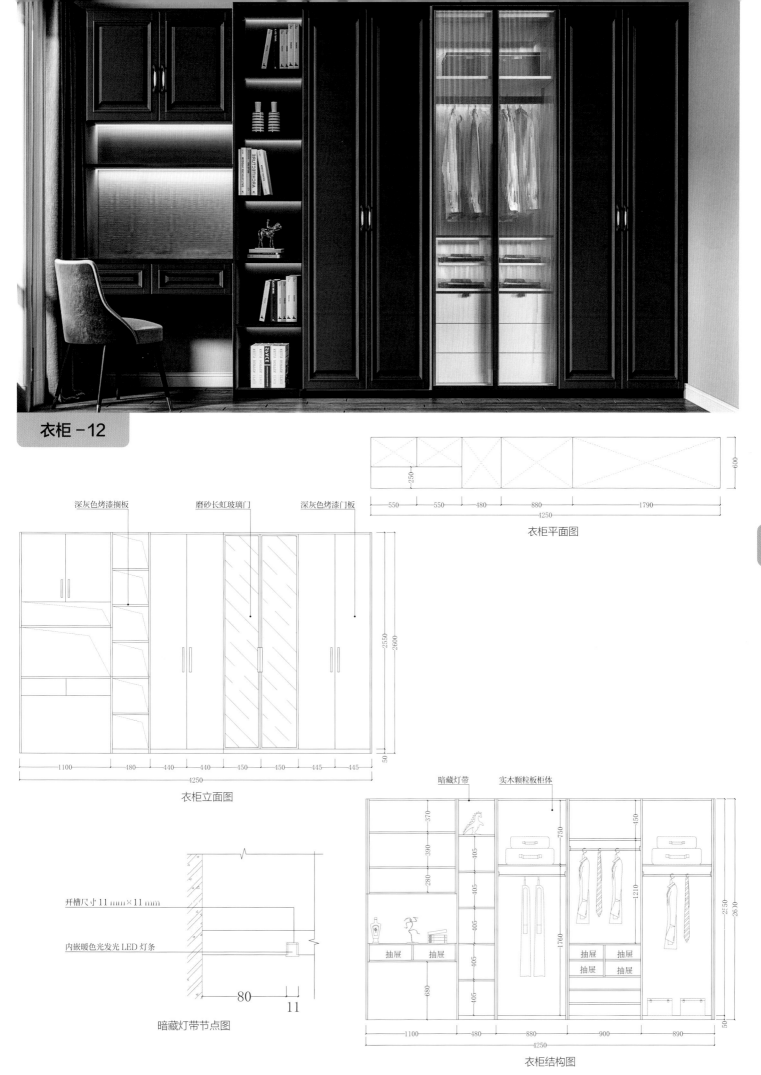

衣柜 -12

深灰色烤漆搁板　　　磨砂长虹玻璃门　　　深灰色烤漆门板

衣柜平面图

衣柜立面图

开槽尺寸 11 mm×11 mm

内嵌暖色光发光 LED 灯条

暗藏灯带节点图

暗藏灯带　　实木颗粒板柜体

抽屉　抽屉　　　　抽屉　抽屉
　　　　　　　　　抽屉　抽屉

衣柜结构图

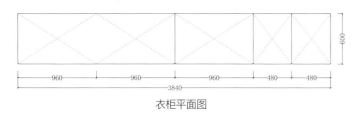

| 960 | 960 | 960 | 480 | 480 |

3840

600

衣柜平面图

暖灰色烤漆门板　　金框长虹玻璃门

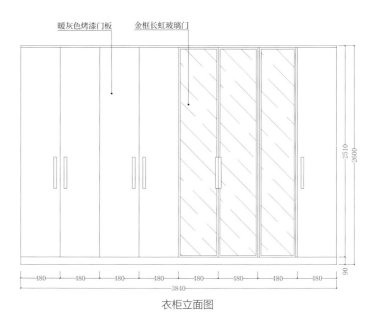

| 480 | 480 | 480 | 480 | 480 | 480 | 480 | 480 |

3840

2510

2600

90

衣柜立面图

实木颗粒板柜体　　　　暗藏灯带

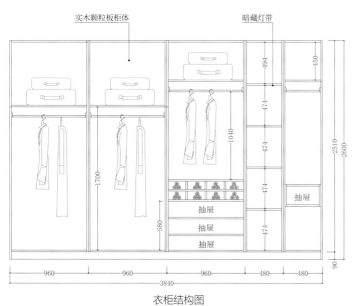

494

474

1040

1700

474

580

474

450

抽屉

抽屉

抽屉

抽屉

| 960 | 960 | 960 | 480 | 480 |

3840

2510

2600

90

衣柜结构图

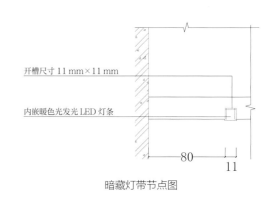

开槽尺寸 11 mm×11 mm

内嵌暖色光发光 LED 灯条

80

11

暗藏灯带节点图

衣柜-14

长虹玻璃门　　白色烤漆门板

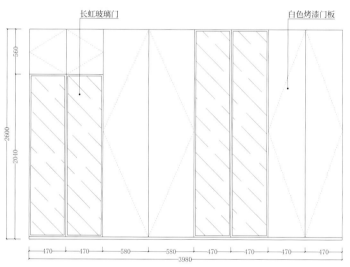

衣柜立面图

470 470 580 580 470 470 470 470
3980

600
940 1160 940 940
3980

衣柜平面图

开槽尺寸 11 mm×11 mm

内嵌暖色光发光 LED 灯条

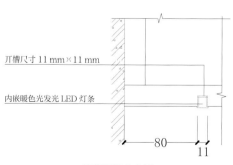

80 11

暗藏灯带节点图

暗藏灯带　　　　实木颗粒板柜体

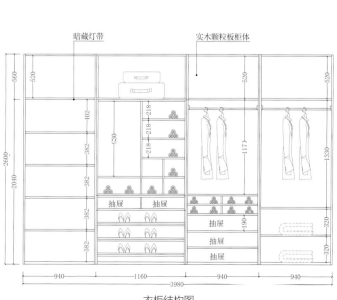

衣柜结构图

衣柜－15

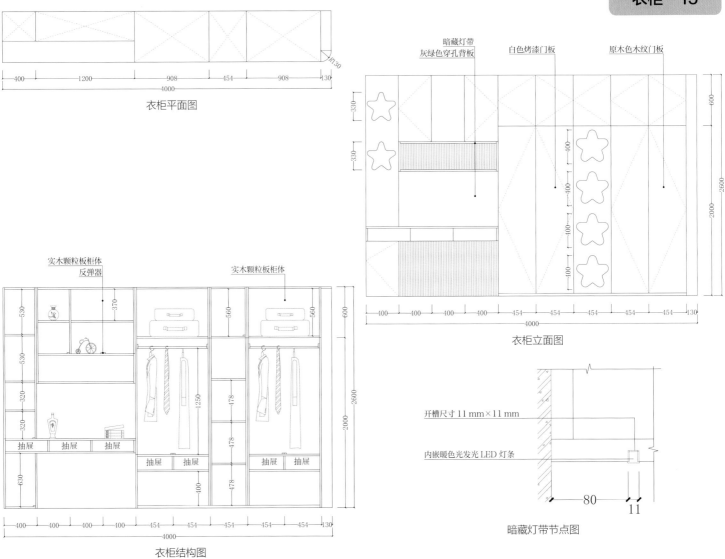

衣柜平面图

实木颗粒板柜体
反弹器

实木颗粒板柜体

抽屉 抽屉 抽屉

抽屉 抽屉

抽屉 抽屉

衣柜结构图

暗藏灯带
灰绿色穿孔背板

白色烤漆门板

原木色木纹门板

衣柜立面图

开槽尺寸 11 mm×11 mm

内嵌暖色光发光 LED 灯条

暗藏灯带节点图

衣柜 -16

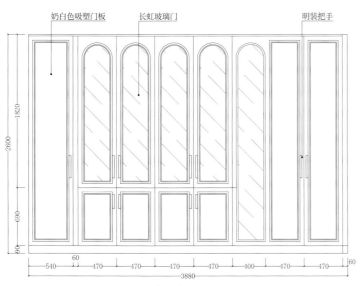

奶白色吸塑门板　　长虹玻璃门　　　　　　　明装把手

衣柜立面图

60　540　470　470　470　470　400　470　470　60
3880

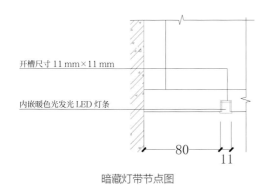

开槽尺寸 11 mm×11 mm

内嵌暖色光发光 LED 灯条

80　　11

暗藏灯带节点图

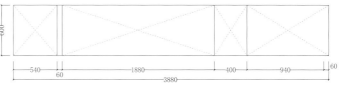

600

540　60　1880　400　940　60
3880

衣柜平面图

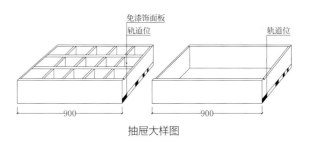

免漆饰面板
轨道位　　　　　　　　　　　　　轨道位

900　　　　　　　　　900

抽屉大样图

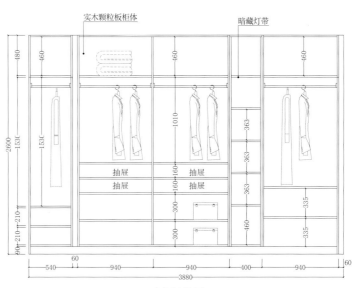

实木颗粒板柜体　　　　　　　　　暗藏灯带

抽屉
抽屉

抽屉
抽屉

衣柜结构图

衣柜平面图

衣柜立面图

黑色磨砂玻璃门

原木色木纹门板
明装把手

暗藏灯带

实木颗粒板柜体

衣柜结构图

开槽尺寸 11 mm×11 mm

内嵌暖色光发光 LED 灯条

80

11

暗藏灯带节点图

抽屉

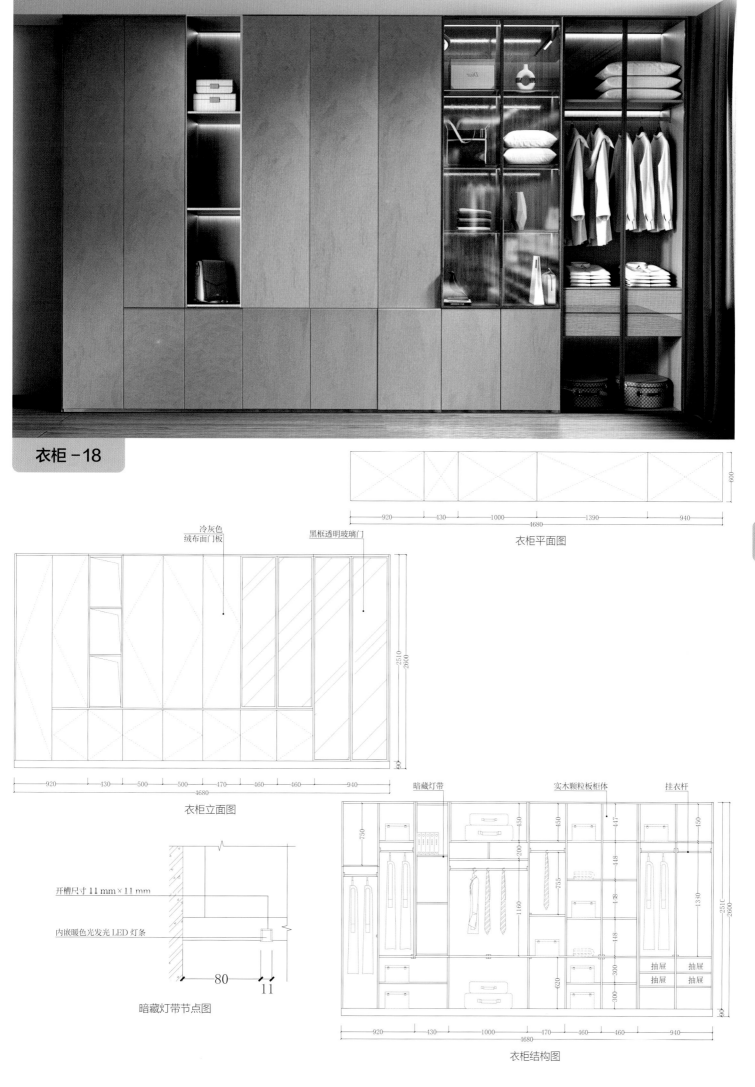

衣柜 -18

衣柜平面图

冷灰色
绒布面门板

黑框透明玻璃门

衣柜立面图

暗藏灯带

实木颗粒板柜体

挂衣杆

开槽尺寸 11 mm×11 mm

内嵌暖色光发光 LED 灯条

暗藏灯带节点图

衣柜结构图

衣柜 -19

衣柜平面图

免漆饰面板
轨道位

轨道位

抽屉大样图

460

940

黑框磨砂玻璃门

暖灰色烤漆门板

衣柜立面图

500 480 960 480 480 480 740 740
4860

暗藏灯带

实木颗粒板柜体

衣柜结构图

960 980 980 440 1500
4860

开槽尺寸 11 mm×11 mm

内嵌暖色光发光 LED 灯条

80

11

暗藏灯带节点图

衣柜-20

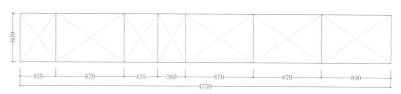

衣柜平面图

600
455 870 435 360 870 870 890
4750

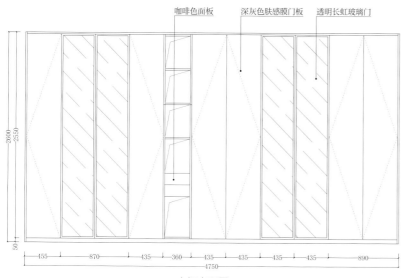

咖啡色面板　　　深灰色肤感膜门板　　透明长虹玻璃门

2600
2550
50
455 870 435 360 435 435 435 435 890
4750

衣柜立面图

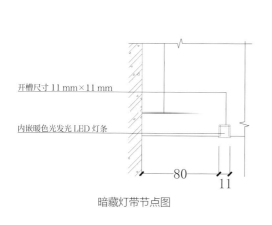

开槽尺寸 11 mm×11 mm

内嵌暖色光发光 LED 灯条

80
11

暗藏灯带节点图

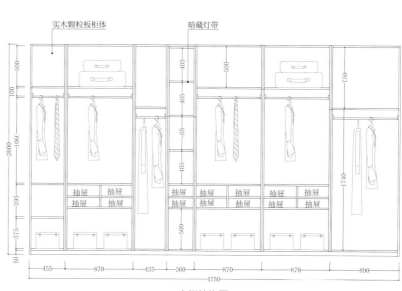

实木颗粒板柜体　　　　暗藏灯带

抽屉 抽屉 抽屉 抽屉 抽屉 抽屉
抽屉 抽屉 抽屉 抽屉 抽屉 抽屉

455 870 435 360 870 870 890
4750

衣柜结构图

衣柜－21

600

430　1290　860　840　860　430
4710

衣柜平面图

原木色木饰面格栅板　　　　原木色木纹门板

2600

430　1290　430　430　420　420　430　430　430
4710

衣柜立面图

暗藏灯带　　　　　　实木颗粒板柜体

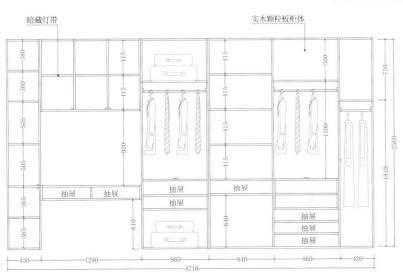

380
360
505
505
365
365

415
415
920
415
415

415
415
1200
415

500

750
2560
1810

610　640

抽屉　抽屉　　抽屉　抽屉

抽屉
抽屉
抽屉
抽屉
抽屉
抽屉

430　1290　860　840　860　430
4710

衣柜结构图

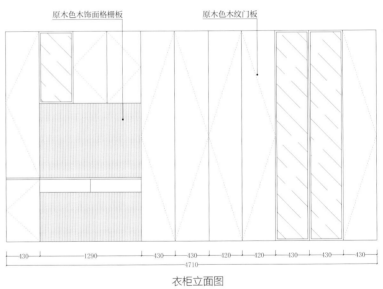

开槽尺寸 11 mm×11 mm

内嵌暖色光发光 LED 灯条

80　11

暗藏灯带节点图

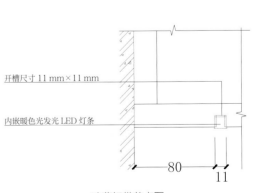

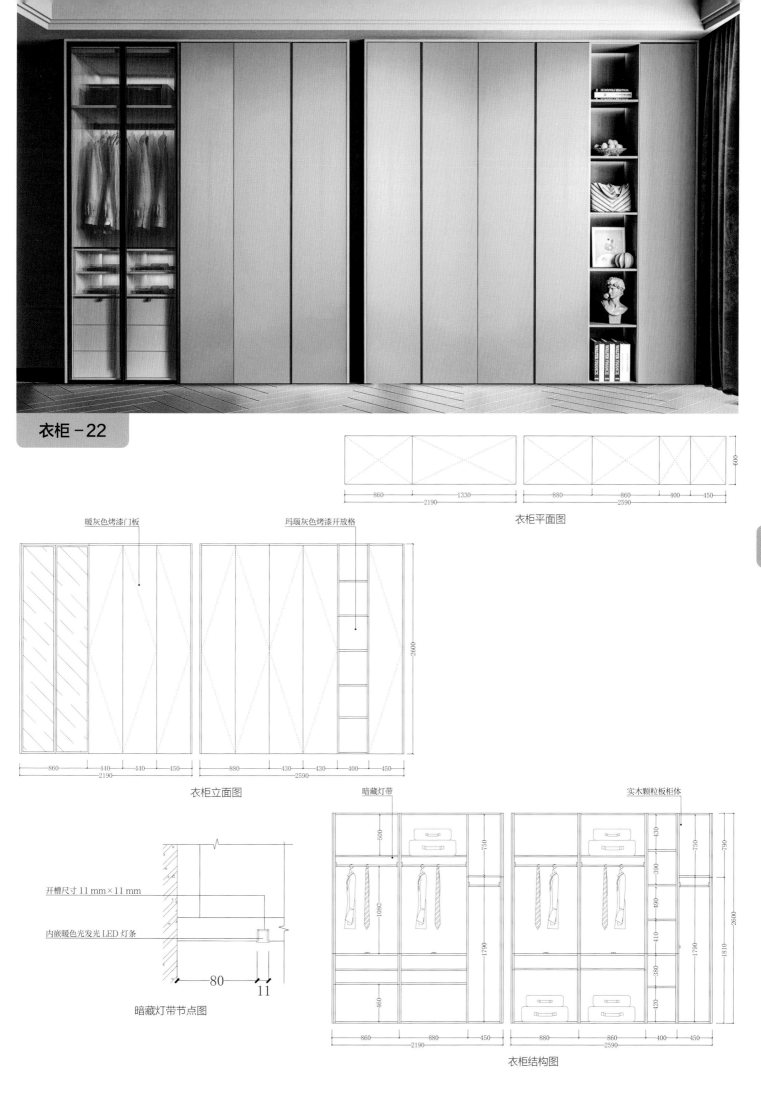

衣柜－22

衣柜平面图

暖灰色烤漆门板　　　　玛瑙灰色烤漆开放格

衣柜立面图

开槽尺寸 11 mm×11 mm

内嵌暖色光发光 LED 灯条

80　　11

暗藏灯带节点图

暗藏灯带　　　　　实木颗粒板柜体

衣柜结构图

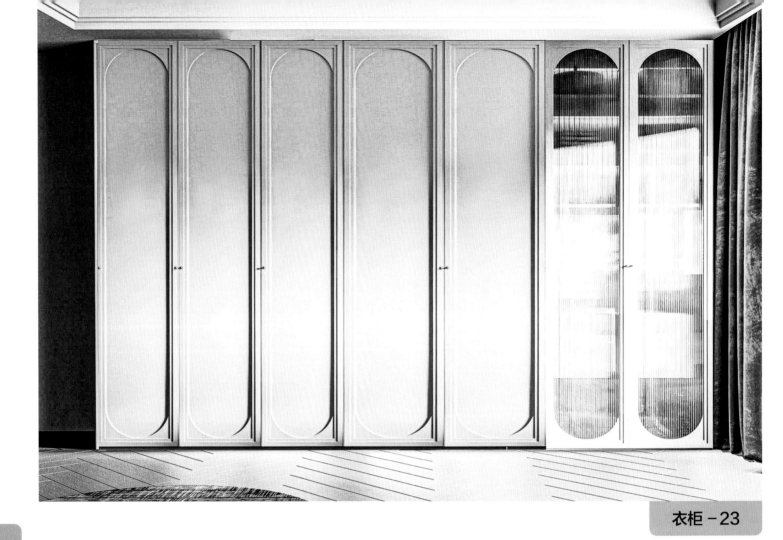

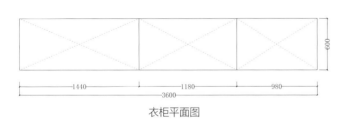

600

1440 1180 980
3600

衣柜平面图

暖灰色烤漆造型门板

实木颗粒板柜体

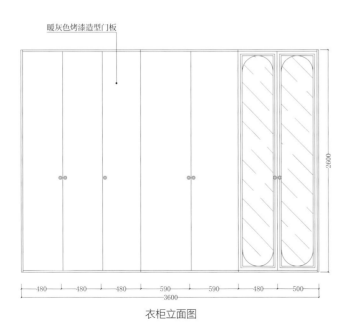

480 480 480 590 590 480 500
2600
3600

衣柜立面图

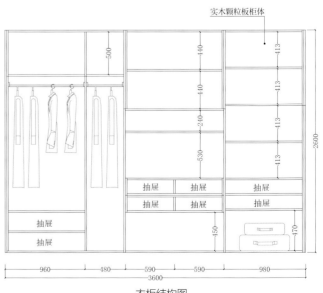

500
440
440
240
530

抽屉 抽屉 抽屉
抽屉 抽屉 抽屉

413
413
413
413

2600

150
抽屉
抽屉

470

960 480 590 590 980
3600

衣柜结构图

衣柜-24

开槽尺寸 11 mm×11 mm

内嵌暖色光发光 LED 灯条

80

11

暗藏灯带节点图

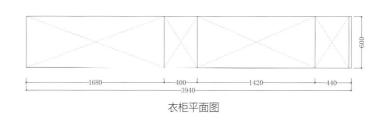

1680　400　1420　440
3940

衣柜平面图

暖绿色
烤漆搁板

白色烤漆门板

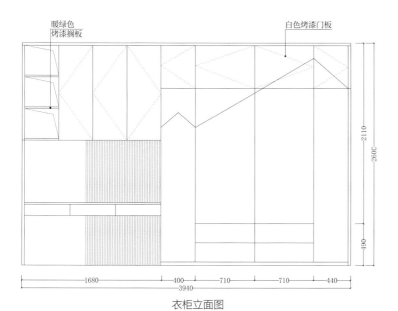

2110

2600

490

1680　400　710　710　440
3940

衣柜立面图

实木颗粒板柜体

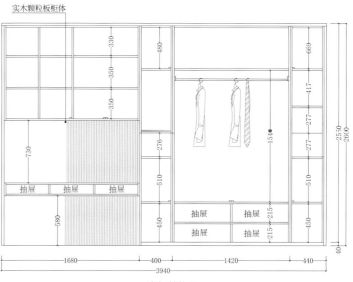

330

480

669

350

417

350

277

730

276

1540

277

510

510

抽屉　抽屉　抽屉

450

580

450

抽屉　抽屉

抽屉　抽屉

215　215

2530

2600

40

1680　400　1420　440
3940

衣柜结构图

| 940 | 1410 | 1410 | 1410 |

5170

衣柜平面图

暖灰色烤漆门板　　　　铣槽拉手　　　　暖灰色烤漆门板

2530
2600
70

| 470 | 470 | 470 | 470 | 470 | 470 | 470 | 470 | 470 | 470 | 470 |

5170

衣柜立面图

不锈钢挂衣杆　　　暗藏灯带　　　内衣格

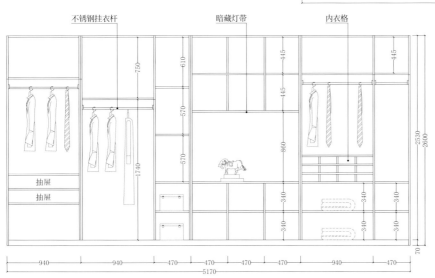

750
610
445
445
570
445
860
570
1740
340
340
340
340
340
340

抽屉
抽屉

2530
2600
70

| 940 | 940 | 470 | 470 | 470 | 470 | 940 | 470 |

5170

衣柜结构图

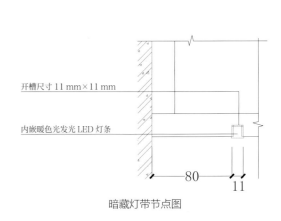

开槽尺寸 11 mm×11 mm

内嵌暖色光发光 LED 灯条

80　　11

暗藏灯带节点图

5 书柜

书柜，给你一个精神空间的居心地。

哪怕是身居繁华闹市、为琐碎事务所牵绊，只要坐在书柜旁，就可以让人摆脱羁绊，回归自由，享受一分安静。

书柜设计包括多种形式，设计时应根据业主的需求和喜好，方便其工作、学习与收藏等。

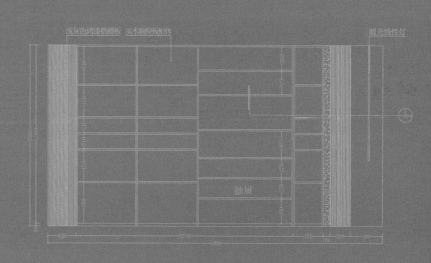

书柜－01

书柜平面图

浅咖色
实木颗粒板柜体

浅咖色
肤感膜门板

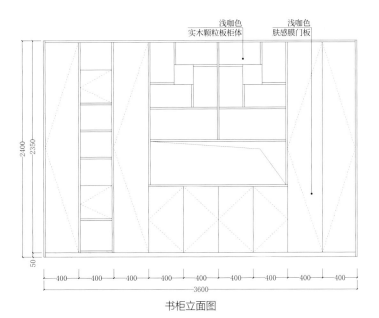

书柜立面图

暗藏灯带

暗藏灯带

浅咖色
实木颗粒板柜体

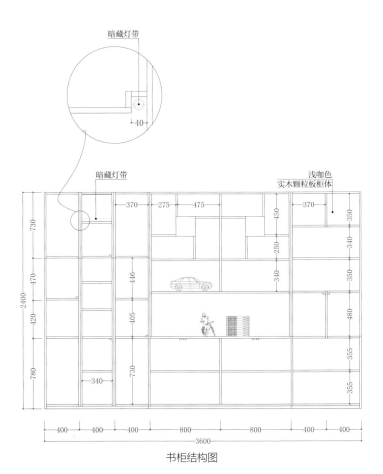

书柜结构图

书柜-02

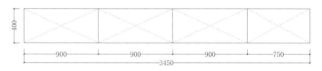

书柜平面图

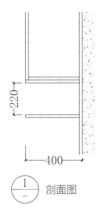

① 剖面图

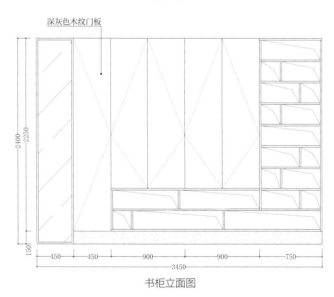

深灰色木纹门板

书柜立面图

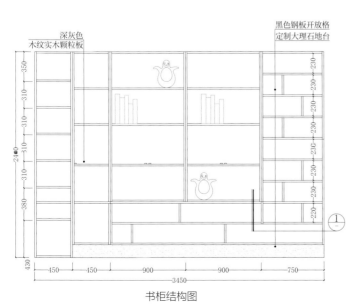

深灰色
木纹实木颗粒板

黑色钢板开放格
定制大理石地台

书柜结构图

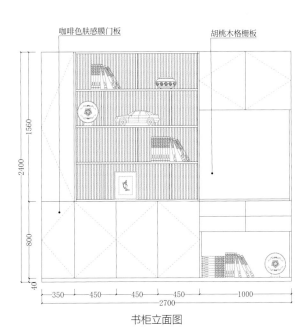

开槽尺寸 11 mm×11 mm

内嵌暖色光发光 LED 灯条

80

11

书柜平面图

350　1350　1000

2700

300

剖面图

波音板饰面

轨道位

抽屉大样图

500

1

咖啡色肤感膜门板　　胡桃木格栅板

2400

1560

800

40

350　450　450　450　1000

2700

书柜立面图

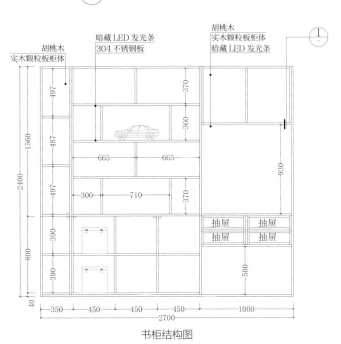

胡桃木
实木颗粒板柜体

暗藏 LED 发光条
304 不锈钢板

胡桃木
实木颗粒板柜体
暗藏 LED 发光条

1

497

487

497

390

390

665　665

300　710

370

360

370

930

500

抽屉　抽屉

抽屉　抽屉

2400

1560

800

40

350　450　450　450　1000

2700

书柜结构图

书柜-04

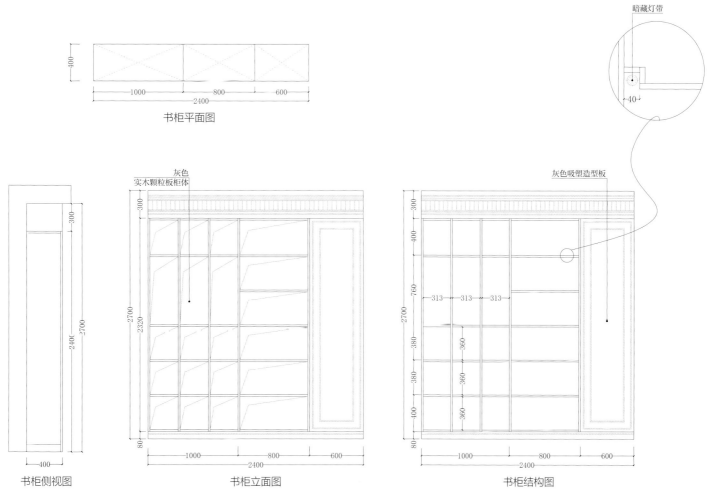

暗藏灯带

40

书柜平面图

400

1000　800　600

2400

灰色
实木颗粒板柜体

灰色吸塑造型板

书柜侧视图

300

2700

240C

400

书柜立面图

300

2700

2320

80

1000　800　600

2400

书柜结构图

300

400

760

313　313　313

380

360

380

360

400

360

80

1000　800　600

2400

600 400 1000 1800 600

400

4400

书柜平面图

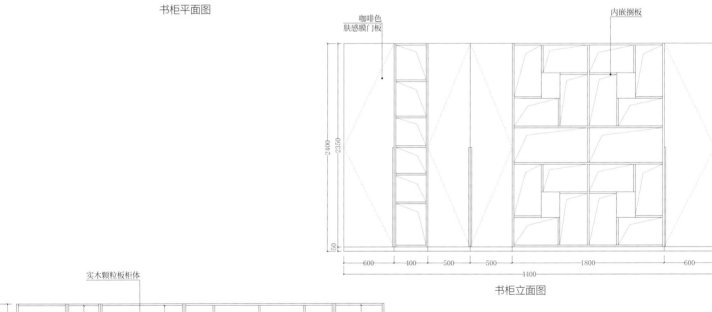

咖啡色
肤感膜门板

内嵌搁板

2400 2350 50

600 400 500 500 1800 600

4400

书柜立面图

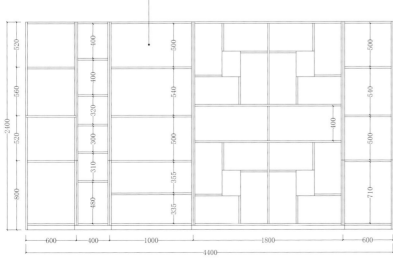

实木颗粒板柜体

520 560 520 800

2400

400 400 320 300 310 480

500 540 500 355 335

400

500 540 500 710

600 400 1000 1800 600

4400

书柜结构图

书柜－06

白色烤漆门板

灰色格栅板
白色烤漆门板

暗藏灯带

实木颗粒板柜体

灰色格栅背板

抽屉

书柜平面图

书柜立面图

书柜结构图

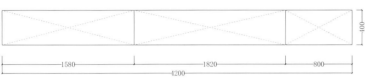

1580　1820　800
4200
400

书柜平面图

原木色门板　　　　　　　原木色木纹门板

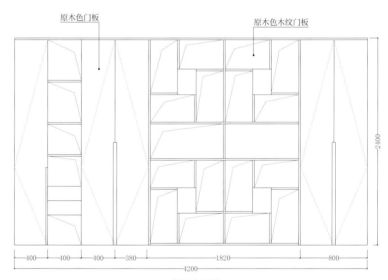

400　400　400　380　1820　800
4200
2400

书柜立面图

原木色实木颗粒板

抽屉
抽屉

400　400　780　1820　800
4200

490　490　520　440　460
2400

书柜结构图

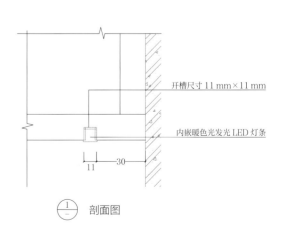

开槽尺寸 11 mm×11 mm

内嵌暖色光发光 LED 灯条

11　30

剖面图

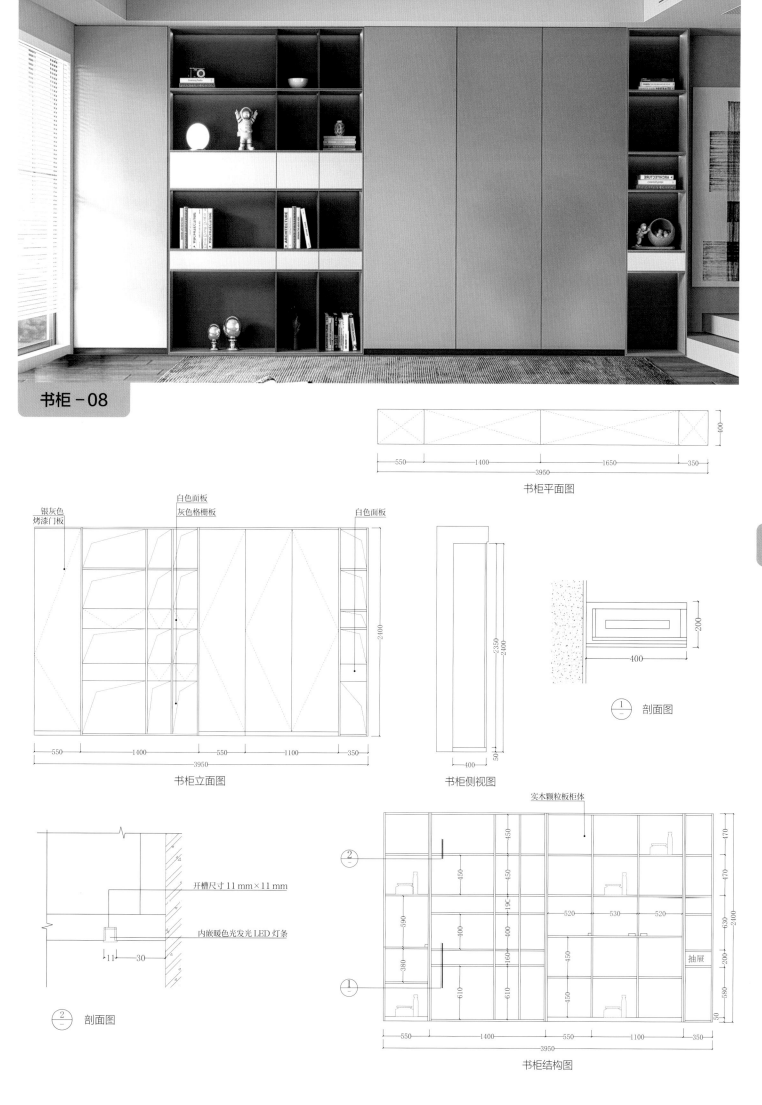

书柜 – 08

书柜平面图

550　1400　1650　350
3950
400

银灰色
烤漆门板

白色面板
灰色格栅板

白色面板

2400

550　1400　550　1100　350
3950

书柜立面图

2400
2350
400
50

书柜侧视图

200
400

① 剖面图

开槽尺寸 11 mm×11 mm

内嵌暖色光发光 LED 灯条

11　30

② 剖面图

实木颗粒板柜体

②

①

450　450　470
450　450　470
190
590　400　520　530　520　630　2400
380　160　450　抽屉　200
610　610　450　580　50

550　1400　550　1100　350
3950

书柜结构图

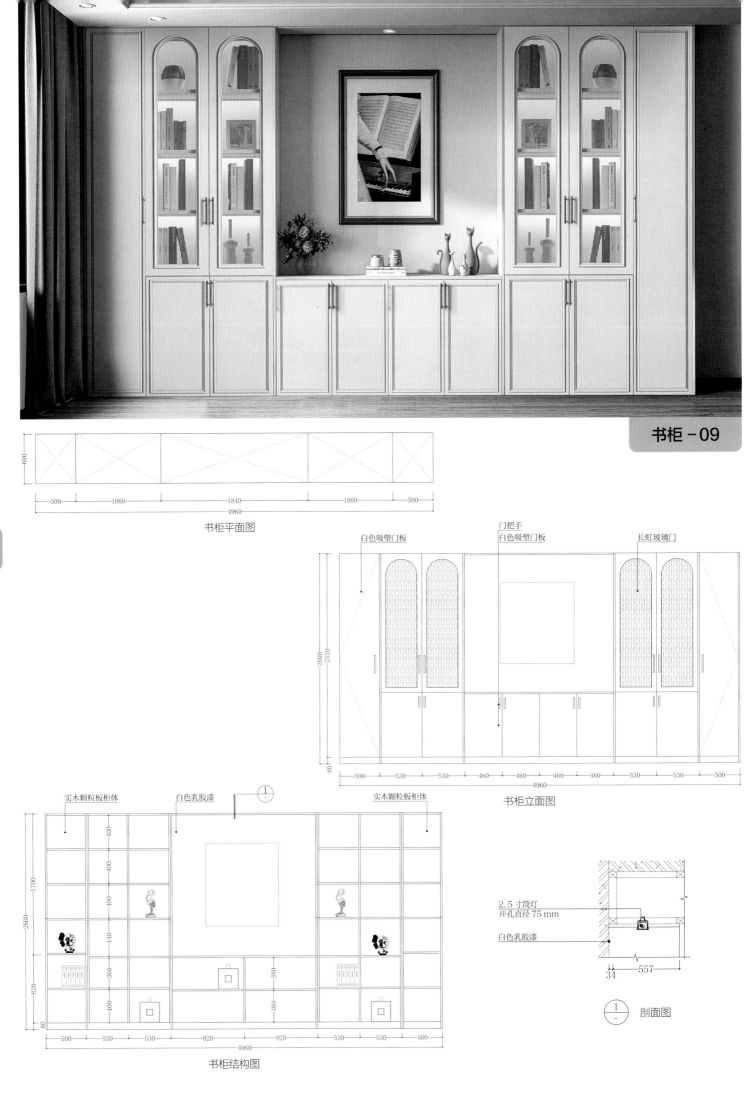

600

500　1060　1840　1060　500

4960

书柜平面图

门把手
白色吸塑门板

白色吸塑门板

长虹玻璃门

2600
2520

80

500　530　530　460　460　460　530　530　500

4960

书柜立面图

实木颗粒板柜体

白色乳胶漆

实木颗粒板柜体

400
400
400
410
360
400

1700

2600

820

80

500　530　530　920　920　530　530　500

4960

书柜结构图

2.5寸筒灯
开孔直径75 mm

白色乳胶漆

34　557

剖面图

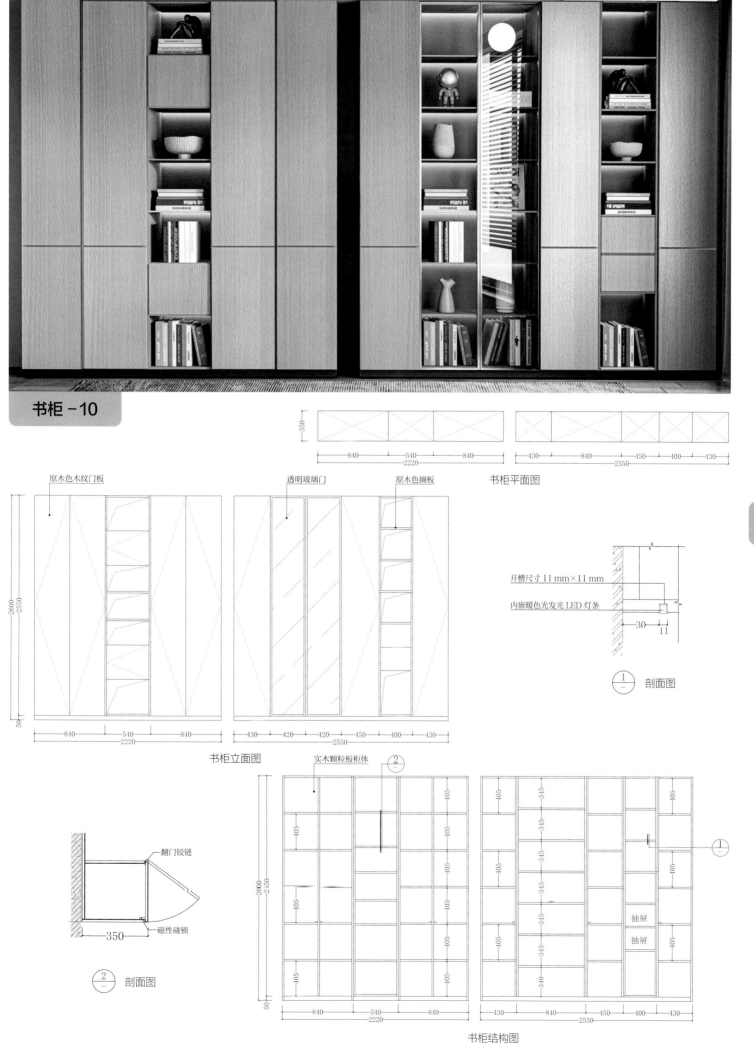

书柜－10

书柜平面图

原木色木纹门板

透明玻璃门　原木色搁板

开槽尺寸 11 mm×11 mm

内嵌暖色光发光 LED 灯条

30　11

① 剖面图

书柜立面图

翻门铰链

磁性碰锁

350

② 剖面图

实木颗粒板柜体

书柜结构图

350

450 960 430 860 750 430 850 430
5160

书柜平面图

透明玻璃门   深灰色面板 深灰色烤漆门板

2600

450 480 480 430 860 750 430 850 430
5160

书柜立面图

深灰色格栅背板   实木颗粒板柜体

510
110
110
160
110
410
110
抽屉   抽屉
660   抽屉
195

2600

450 960 430 860 750 430 850 430
5160

书柜结构图

开槽尺寸 11 mm×11 mm

内嵌暖色光发光 LED 灯条

30
11

剖面图

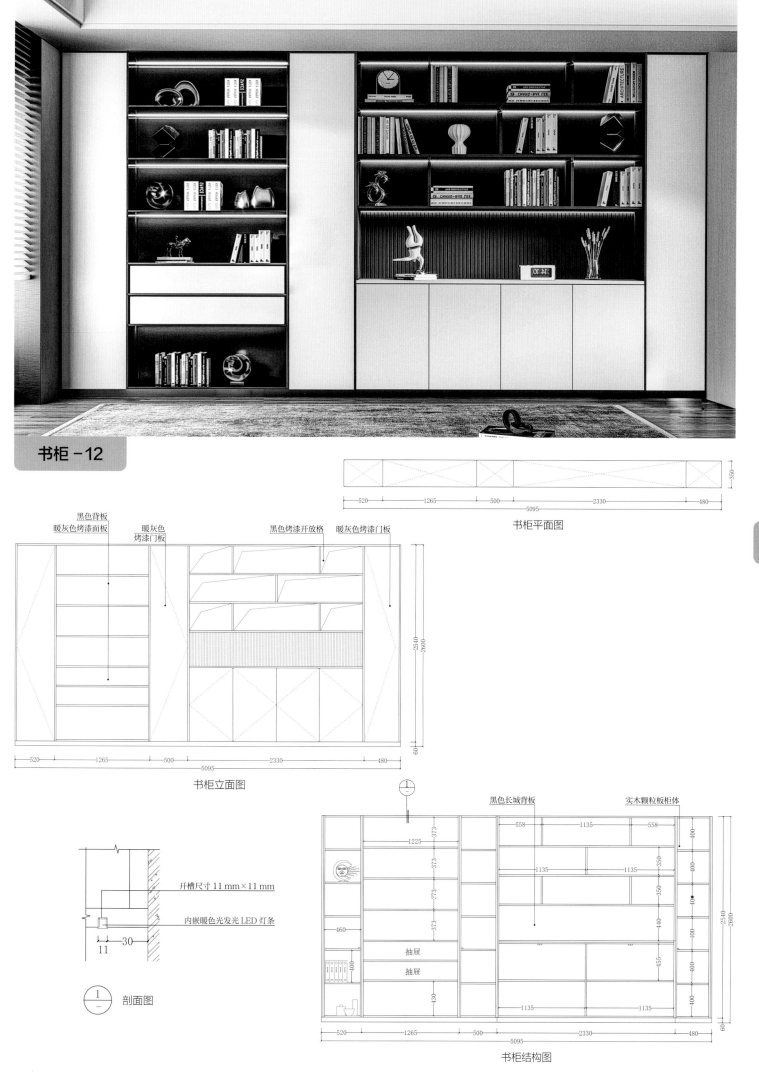

书柜 –12

书柜平面图

书柜立面图

黑色背板
暖灰色烤漆面板

暖灰色
烤漆门板

黑色烤漆开放格   暖灰色烤漆门板

开槽尺寸 11 mm×11 mm

内嵌暖色光发光 LED 灯条

① 剖面图

黑色长城背板   实木颗粒板柜体

抽屉
抽屉

书柜结构图

600

| 1080 | 1920 | 1080 |

4080

书柜平面图

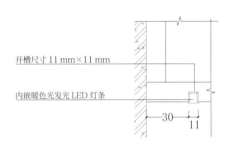

开槽尺寸 11 mm×11 mm

内嵌暖色光发光 LED 灯条

30 11

①／— 剖面图

白色烤漆门板　　深灰色烤漆面板　　浅灰色烤漆门板

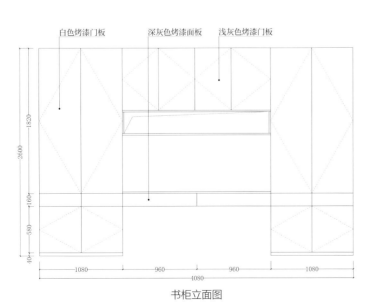

1820

2600

160

580

40

| 1080 | 960 | 960 | 1080 |

4080

书柜立面图

实木颗粒板柜体　　　　实木颗粒板柜体　反弹器

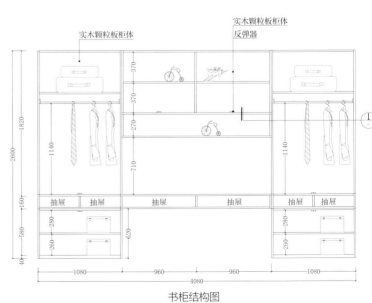

370

370

270

1820

2600

1140

710

抽屉　抽屉　　　抽屉　抽屉　　　抽屉　抽屉

160

280

620

260

580

40

| 1080 | 960 | 960 | 1080 |

4080

书柜结构图

书柜－14

开槽尺寸 11 mm×11 mm

内嵌暖色光发光 LED 灯条

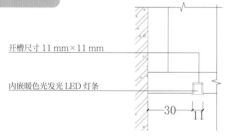

30

① ／ 剖面图

350

40 │ 430 │ 820 │ 450 │ 820 │ 430 │ 40
3030

书柜平面图

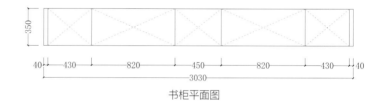

浅灰色烤漆搁板　　　　　　原木色格栅造型门板

40

2600
2520

40

40 │ 430 │ 410 │ 410 │ 450 │ 410 │ 410 │ 430 │ 40
3030

书柜立面图

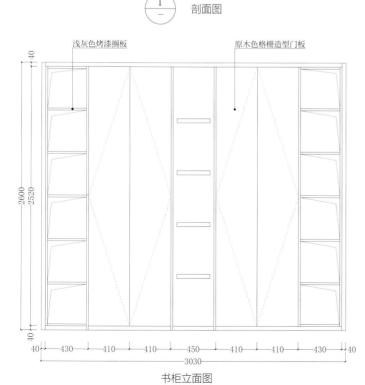

① ／　　实木颗粒板柜体　　搁板　　　　红色背板

40

383

403

403

403

780　　　　　780　　　390

403

385

2600
2520

40 │ 430 │ 410 │ 410 │ 450 │ 410 │ 410 │ 430 │ 40
3030

书柜结构图

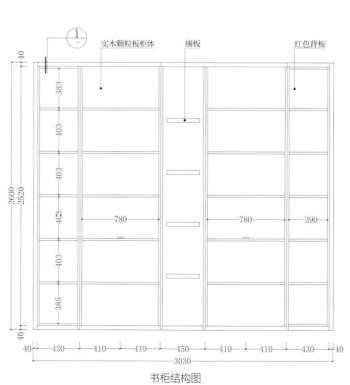

书柜－15

书柜平面图

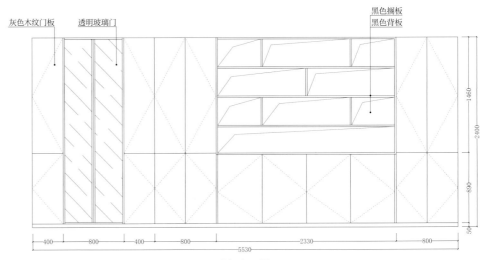

灰色木纹门板　　透明玻璃门

黑色搁板
黑色背板

书柜立面图

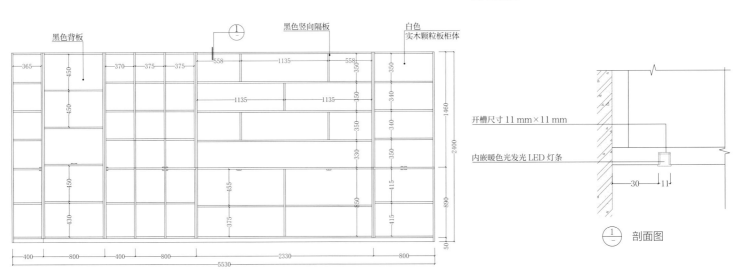

黑色背板　　　　黑色竖向隔板　　　白色
实木颗粒板柜体

书柜结构图

开槽尺寸 11 mm×11 mm

内嵌暖色光发光 LED 灯条

剖面图

书柜 –16

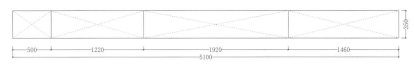

书柜平面图

500　1220　1920　1460
5100
350

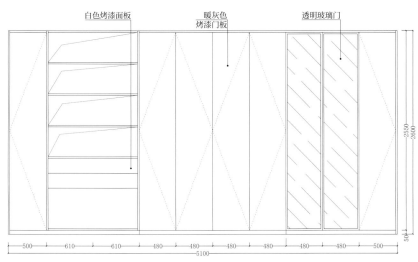

白色烤漆面板　　暖灰色烤漆门板　　透明玻璃门

书柜立面图

500　610　610　480　480　480　480　480　480　500
5100
2550
2600
50

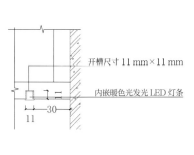

开槽尺寸 11 mm × 11 mm

内嵌暖色光发光 LED 灯条

30
11

① 剖面图

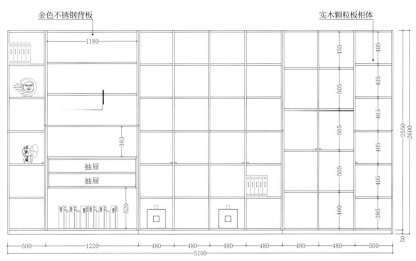

金色不锈钢背板　　　　　　实木颗粒板柜体

1180

抽屉
抽屉

383
520
455
505
505
505
460
405
405
403
405
385
2550
2600

500　1220　480　480　480　480　480　500
5100
50

书柜结构图

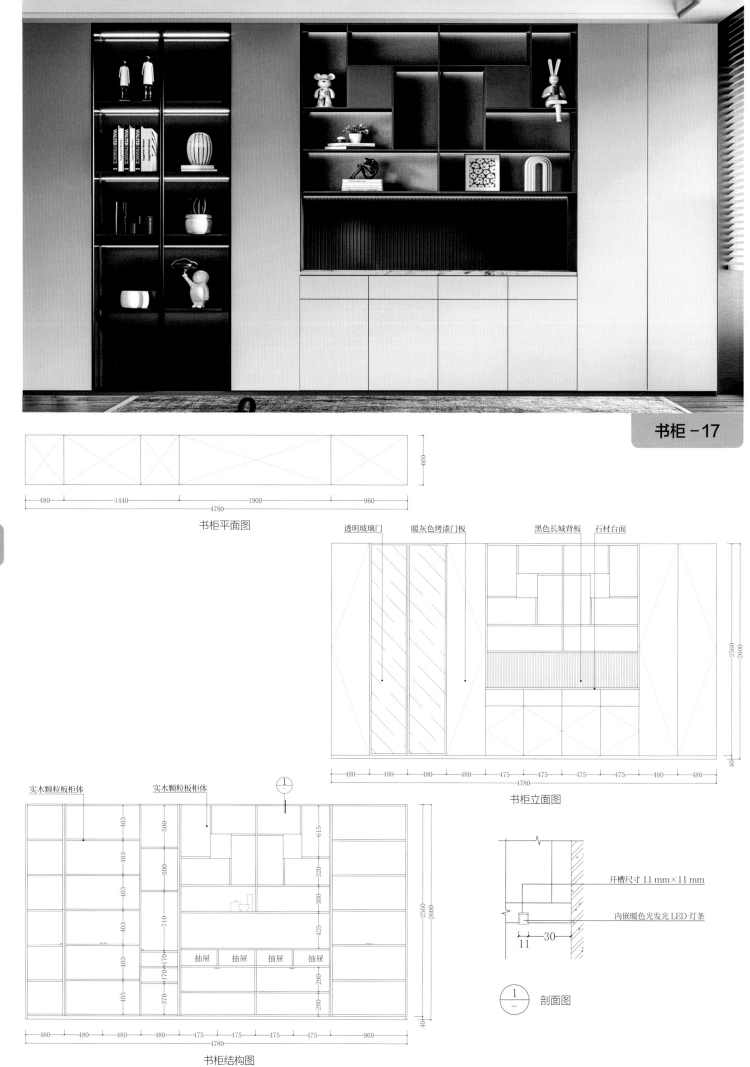

书柜平面图

透明玻璃门　　暖灰色烤漆门板　　黑色长城背板　　石材台面

书柜立面图

实木颗粒板柜体　　　　实木颗粒板柜体

抽屉　抽屉　抽屉　抽屉

书柜结构图

开槽尺寸 11 mm×11 mm

内嵌暖色光发光 LED 灯条

剖面图

书柜 –18

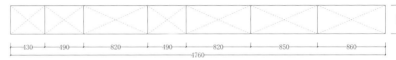

书柜平面图

黑色烤漆背板
原木色木纹搁板

原木色木纹门板

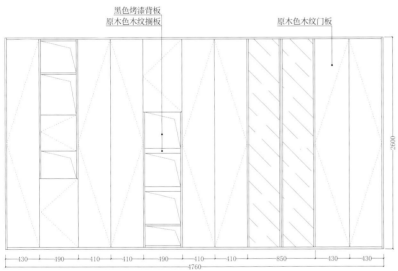

书柜立面图

开槽尺寸 11 mm×11 mm

内嵌暖色光发光 LED 灯条

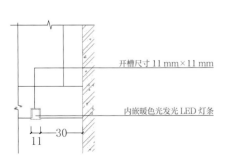

剖面图

黑色背板

实木颗粒板柜体

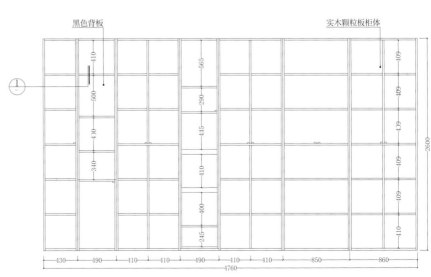

书柜结构图

书柜-19

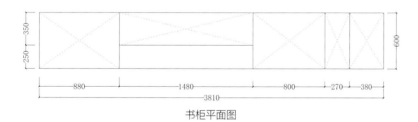

250 350 600

880 1480 800 270 380
3810

书柜平面图

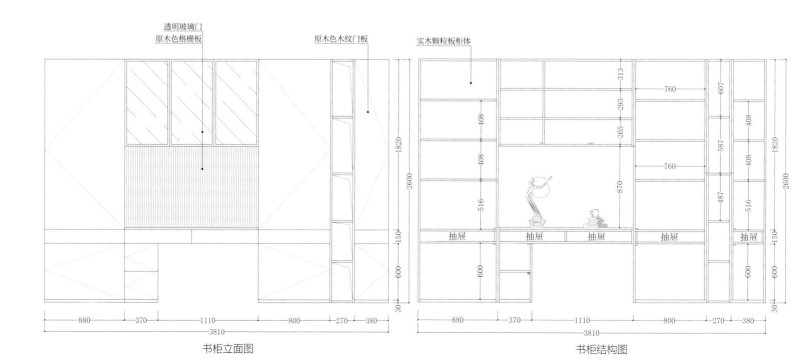

透明玻璃门
原木色格栅板　　　　　　原木色木纹门板　　　　　　实木颗粒板柜体

1820

2600

150

600

30

880 370 1110 800 270 380
3810

书柜立面图

313
760 607
293
408
265 408
760 408

870
516 587

487 516

抽屉　　抽屉　　抽屉　　　　抽屉　　　　抽屉

600 600

1820

2600

150

600

30

880 370 1110 800 270 380
3810

书柜结构图

书柜-20

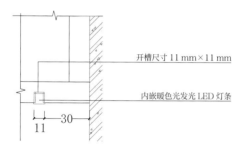

开槽尺寸 11 mm×11 mm

内嵌暖色光发光 LED 灯条

11   30

①
— 剖面图

600

510   510   510   1276

2806

书柜平面图

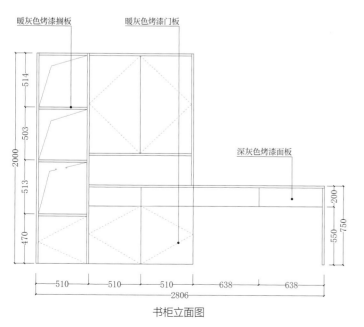

暖灰色烤漆搁板   暖灰色烤漆门板

514

503

2000

513

470

深灰色烤漆面板

200

550

750

510   510   510   638   638

2806

书柜立面图

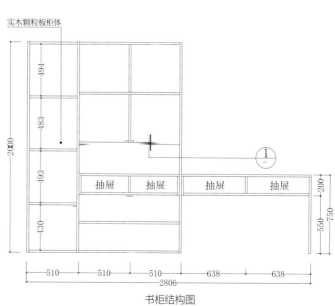

实木颗粒板柜体

494

483

2000

493

430

抽屉 抽屉   抽屉 抽屉

①

200

550

750

510   510   510   638   638

2806

书柜结构图

书柜-21

400 | 600 | 1260 | 440 | 840

3540

书柜平面图

原木色木纹门板　　　浅咖色门板　深灰色背板

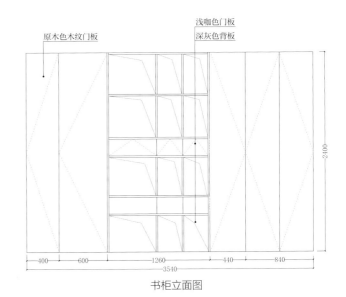

400 | 600 | 1260 | 440 | 840

3540

书柜立面图

实木颗粒板柜体　　　深灰色背板

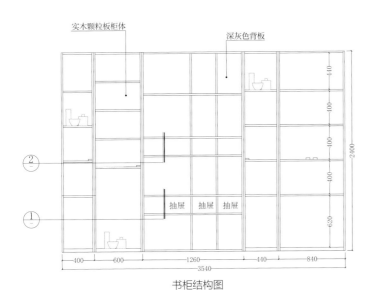

抽屉　抽屉　抽屉

400 | 600 | 1260 | 440 | 840

3540

书柜结构图

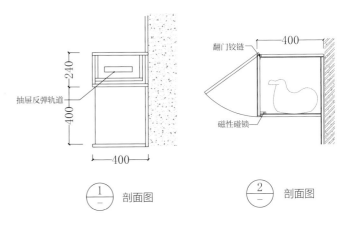

抽屉反弹轨道

翻门铰链

磁性碰锁

1 剖面图　　　2 剖面图

书柜－22

书柜平面图

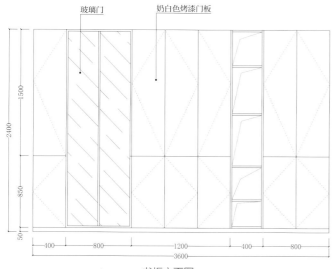

玻璃门　　　　奶白色烤漆门板

书柜立面图

开槽尺寸 11 mm×11 mm

内嵌暖色光发光 LED 灯条

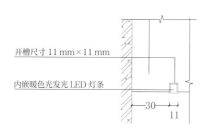

剖面图

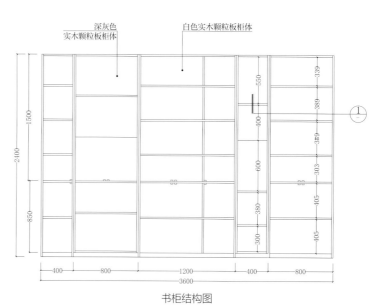

深灰色
实木颗粒板柜体　　　白色实木颗粒板柜体

书柜结构图

书柜－23

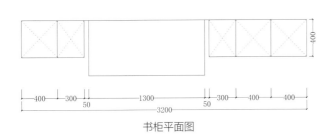

书柜平面图

灰色烤漆开放格   灰色烤漆门板   原木色格栅门板   灰色实木颗粒板柜体

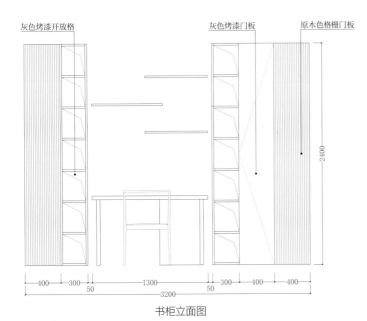

书柜立面图

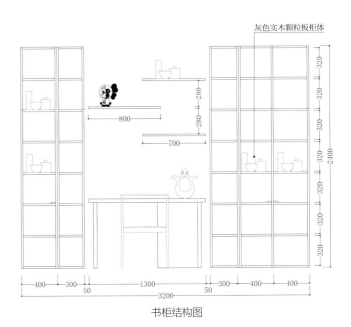

书柜结构图

书柜-24

开槽尺寸 11 mm×11 mm

内嵌暖色光发光 LED 灯条

11 30

$\frac{1}{\quad}$ 剖面图

书柜平面图

880 450 880 1040 580
3830

350

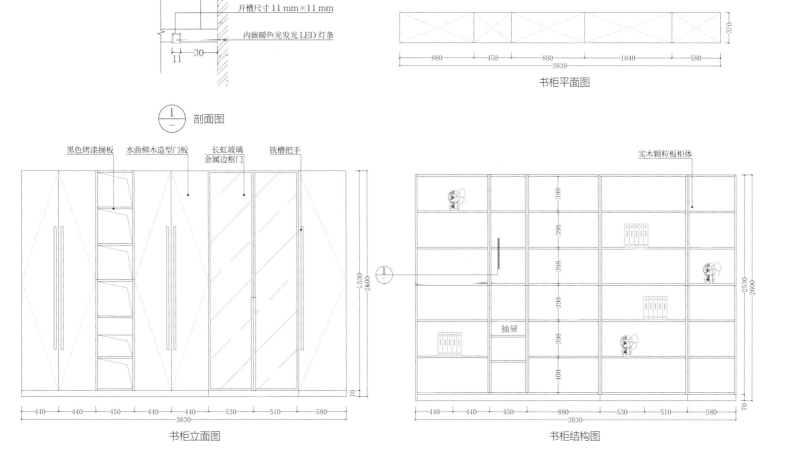

黑色烤漆搁板　水曲柳木造型门板　长虹玻璃金属边框门　铣槽把手

实木颗粒板柜体

书柜立面图

书柜结构图

440 440 450 440 440 530 510 580
3830

2600 2530 70

398 398 398 398 400

440 440 450 880 530 510 580
3830

2600 2530 70

抽屉

书柜-25

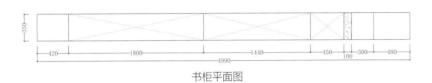

书柜平面图

浅灰色烤漆格栅板　　　浅灰色烤漆门板　　　黑色烤漆背板　　　暖光线性灯

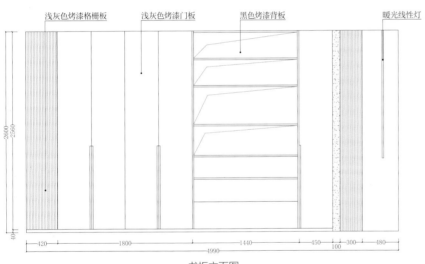

书柜立面图

开槽尺寸 11 mm×11 mm

内嵌暖色光发光 LED 灯条

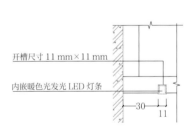

30　11

① 剖面图

浅灰色烤漆格栅板　实木颗粒板柜体　　　　　　　　　　暖光线性灯

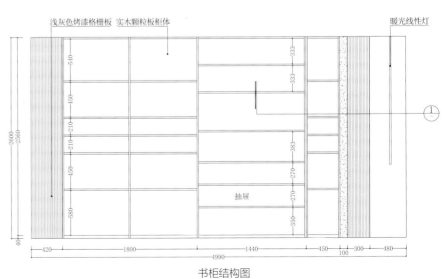

抽屉

书柜结构图

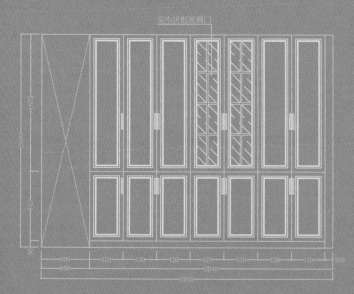

6 衣帽间

打造一个精致的衣帽间，住进理想的家。

衣帽间是每个女孩都憧憬与向往的，同样它也是男士展示品位和魅力的空间，最能体现个人的喜好与特色。随着设计的发展，设计师们日益强调空间的实用性与美观性，因而衣帽间的设计与布置也成为设计的重点。好看又实用的衣帽间设计可以使业主在这里慢下脚步，感受生活中的点滴美好。

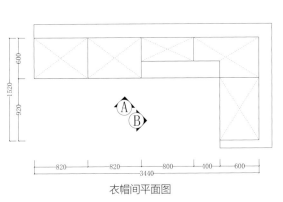

衣帽间平面图

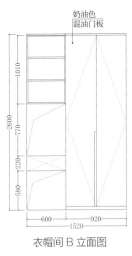

奶油色
混油门板

衣帽间 B 立面图

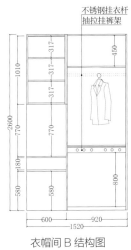

不锈钢挂衣杆
抽拉挂裤架

衣帽间 B 结构图

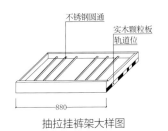

不锈钢圆通
实木颗粒板
轨道位

抽拉挂裤架大样图

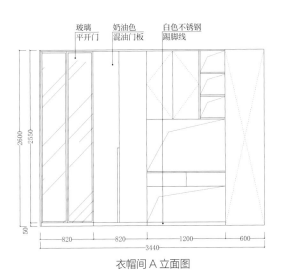

玻璃
平开门

奶油色
混油门板

白色不锈钢
踢脚线

衣帽间 A 立面图

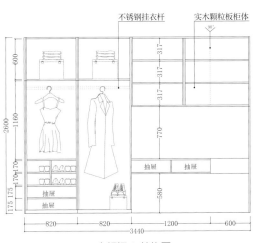

不锈钢挂衣杆
实木颗粒板柜体

衣帽间 A 结构图

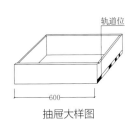

轨道位

抽屉大样图

衣帽间-02

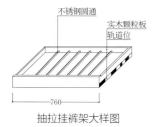

不锈钢圆通
实木颗粒板
轨道位

760

抽拉挂裤架大样图

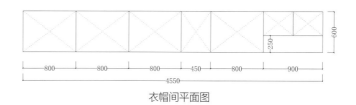

250

600

800 800 800 450 800 900

4550

衣帽间平面图

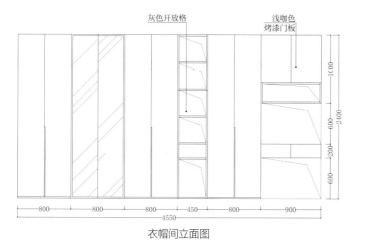

灰色开放格   浅咖色
烤漆门板

1000

2400

600

1200

600

800 800 800 450 800 900

4550

衣帽间立面图

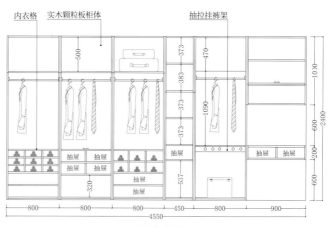

内衣格   实木颗粒板柜体   抽拉挂裤架

500

373

383

470

373

1090

373

537

320

抽屉   抽屉   抽屉   抽屉

抽屉   抽屉   抽屉

1010

2400

600

1200

600

800 800 800 450 800 900

4550

衣帽间结构图

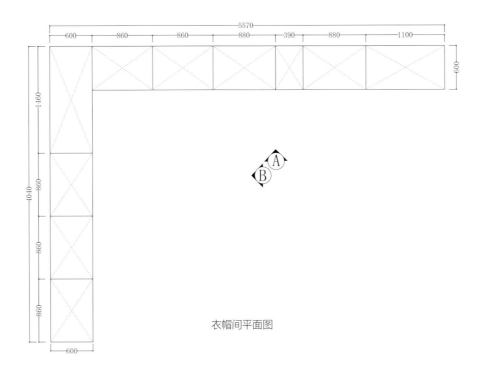

衣帽间平面图

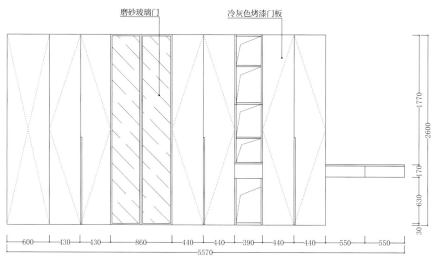

磨砂玻璃门　冷灰色烤漆门板

600　430　430　860　440　440　390　440　440　550　550
5570

衣帽间 A 立面图

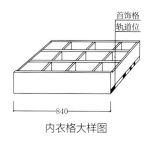

首饰格
轨道位

840

内衣格大样图

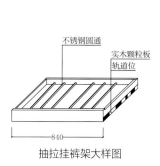

不锈钢圆通
实木颗粒板
轨道位

840

抽拉挂裤架大样图

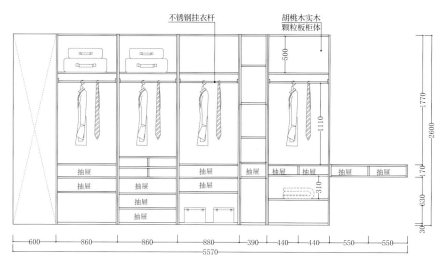

不锈钢挂衣杆　胡桃木实木
颗粒板柜体

600　860　860　880　390　440　440　550　550
5570

衣帽间 A 结构图

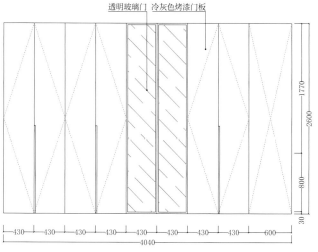

透明玻璃门　冷灰色烤漆门板

430　430　430　430　430　430　600
4040

衣帽间 B 立面图

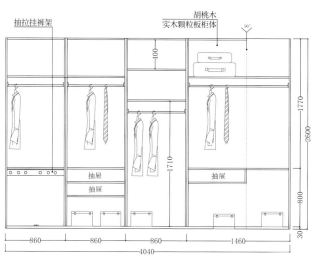

抽拉挂裤架　胡桃木
实木颗粒板柜体

860　860　860　1460
4040

衣帽间 B 结构图

衣帽间-04

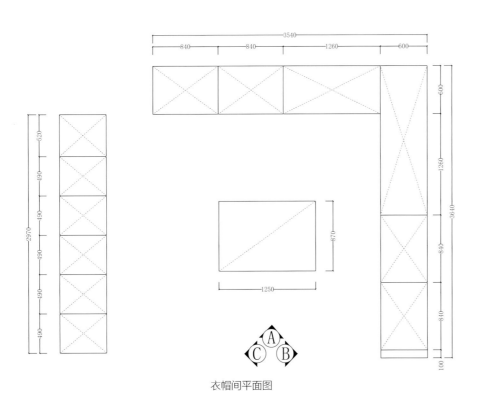

衣帽间平面图

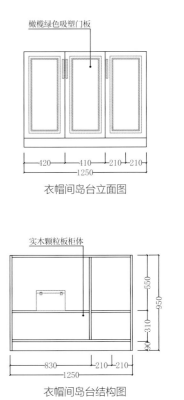

橄榄绿色吸塑门板

衣帽间岛台立面图

实木颗粒板柜体

衣帽间岛台结构图

奶白色吸塑造型门板

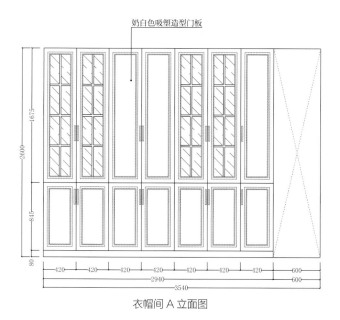

衣帽间 A 立面图

实木颗粒板柜体　不锈钢挂衣杆

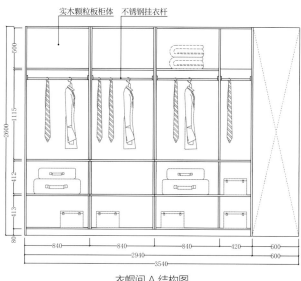

衣帽间 A 结构图

实木拼框玻璃门

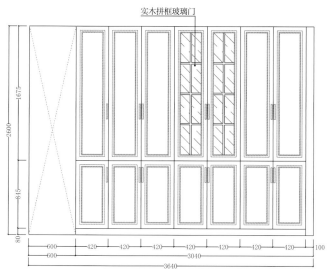

衣帽间 B 立面图

不锈钢挂衣杆　实木颗粒板柜体

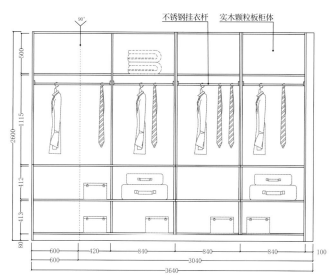

衣帽间 B 结构图

奶白色吸塑门板

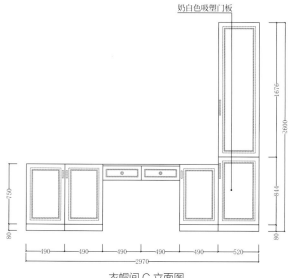

衣帽间 C 立面图

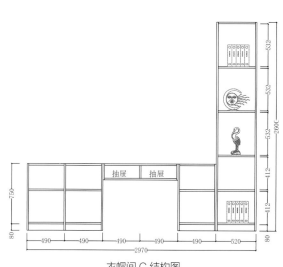

衣帽间 C 结构图

衣帽间-05

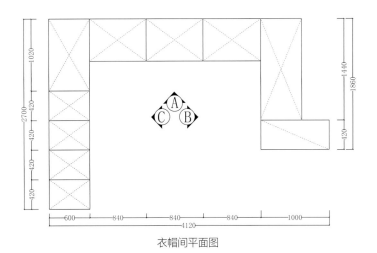

衣帽间平面图

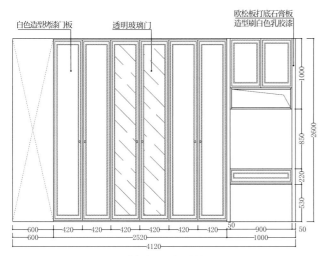

白色造型烤漆门板　　透明玻璃门　　欧松板打底石膏板造型刷白色乳胶漆

1000
2600
850
220
530

600　420　420　420　420　420　420　50　900　50
600　　　　　　　　　2520　　　　　　　　1000
4120

衣帽间 A 立面图

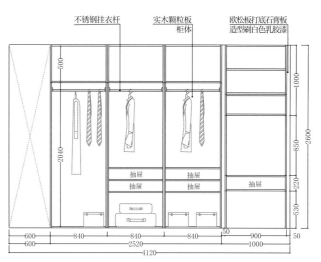

不锈钢挂衣杆　　实木颗粒板柜体　　欧松板打底石膏板造型刷白色乳胶漆

500
2040
抽屉　抽屉　抽屉
抽屉　抽屉

1000
2600
850
220
530

600　840　840　840　50　900　50
600　　　　　2520　　　　　1000
4120

衣帽间 A 结构图

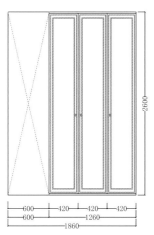

2600

600　420　420　420
600　　　1260
1860

衣帽间 B 立面图

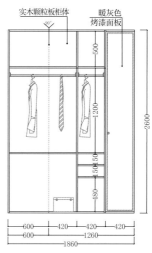

实木颗粒板柜体　　暖灰色烤漆面板

500
1200
150 50
180

2600

600　420　420　420
600　　　1260
1860

衣帽间 B 结构图

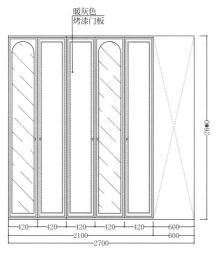

暖灰色烤漆门板

2600

420　420　420　420　420　600
2100　　　　　　600
2700

衣帽间 C 立面图

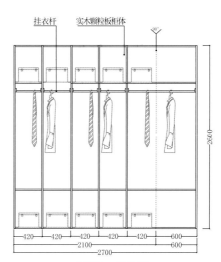

挂衣杆　　实木颗粒板柜体

2600

420　420　420　420　420　600
2100　　　　　　600
2700

衣帽间 C 结构图

衣帽间-06

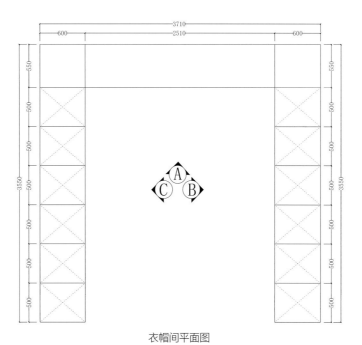

衣帽间平面图

浅灰色
烤漆门板

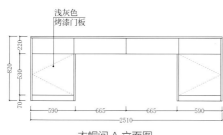

衣帽间 A 立面图

实木颗粒板柜体
反弹器

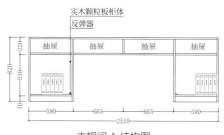

衣帽间 A 结构图

原木色
木纹门板　　黑色玻璃门

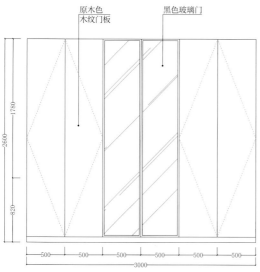

衣帽间 B 立面图

实木颗粒板柜体

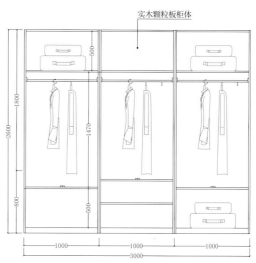

衣帽间 B 结构图

黑色玻璃门　　原木色
　　　　　　　木纹门板

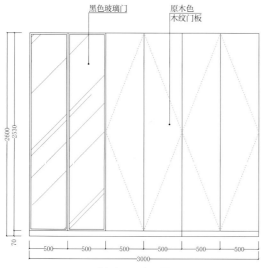

衣帽间 C 立面图

实木颗粒板柜体
反弹器

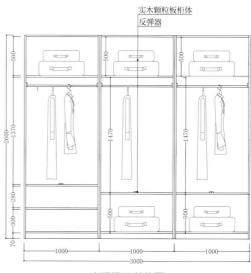

衣帽间 C 结构图

137

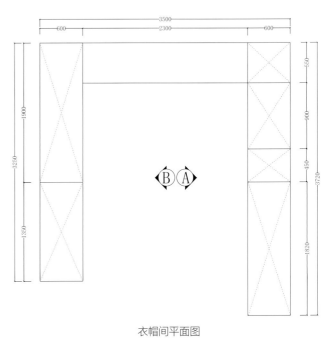

衣帽间平面图

衣帽间-07

原木色木纹门板　　　暗藏把手

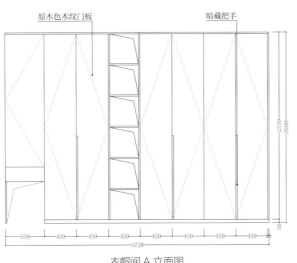

衣帽间 A 立面图

不锈钢挂衣杆　　　实木颗粒板柜体　抽拉挂裤架

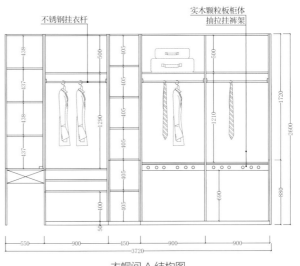

衣帽间 A 结构图

透明玻璃门　　　原木色木纹门板

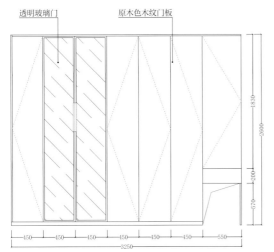

衣帽间 B 立面图

反弹器

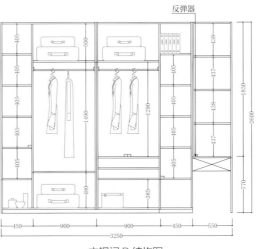

衣帽间 B 结构图

不锈钢圆通　　实木颗粒板　轨道位

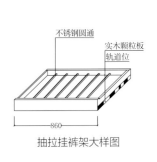

抽拉挂裤架大样图

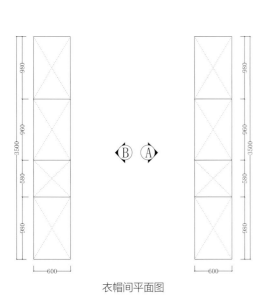

衣帽间平面图

衣帽间-08

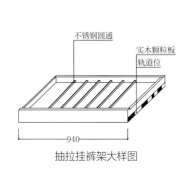

不锈钢圆通
实木颗粒板
轨道位

940

抽拉挂裤架大样图

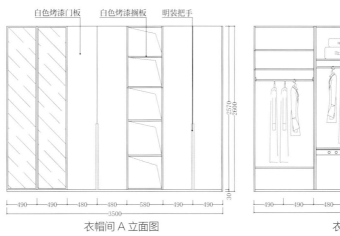

白色烤漆门板　白色烤漆搁板　明装把手

衣帽间 A 立面图

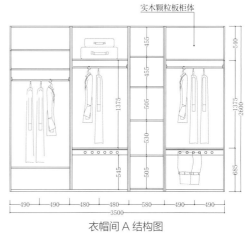

实木颗粒板柜体

衣帽间 A 结构图

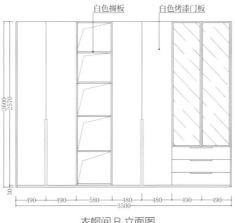

白色搁板　白色烤漆门板

衣帽间 B 立面图

实木颗粒板柜体　抽拉挂裤架

抽屉
抽屉
抽屉

衣帽间 B 结构图

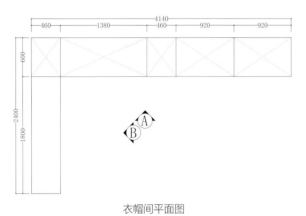

衣帽间平面图

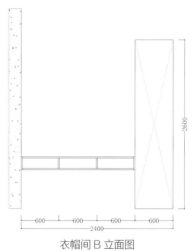

衣帽间 B 立面图

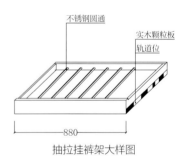

不锈钢圆通

实木颗粒板

轨道位

抽拉挂裤架大样图

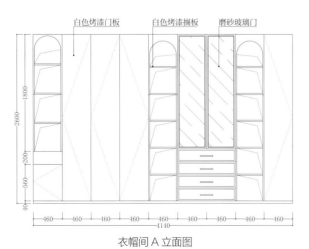

白色烤漆门板　白色烤漆搁板　磨砂玻璃门

衣帽间 A 立面图

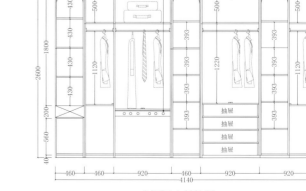

抽拉挂裤架　实木颗粒板柜体

衣帽间 A 结构图

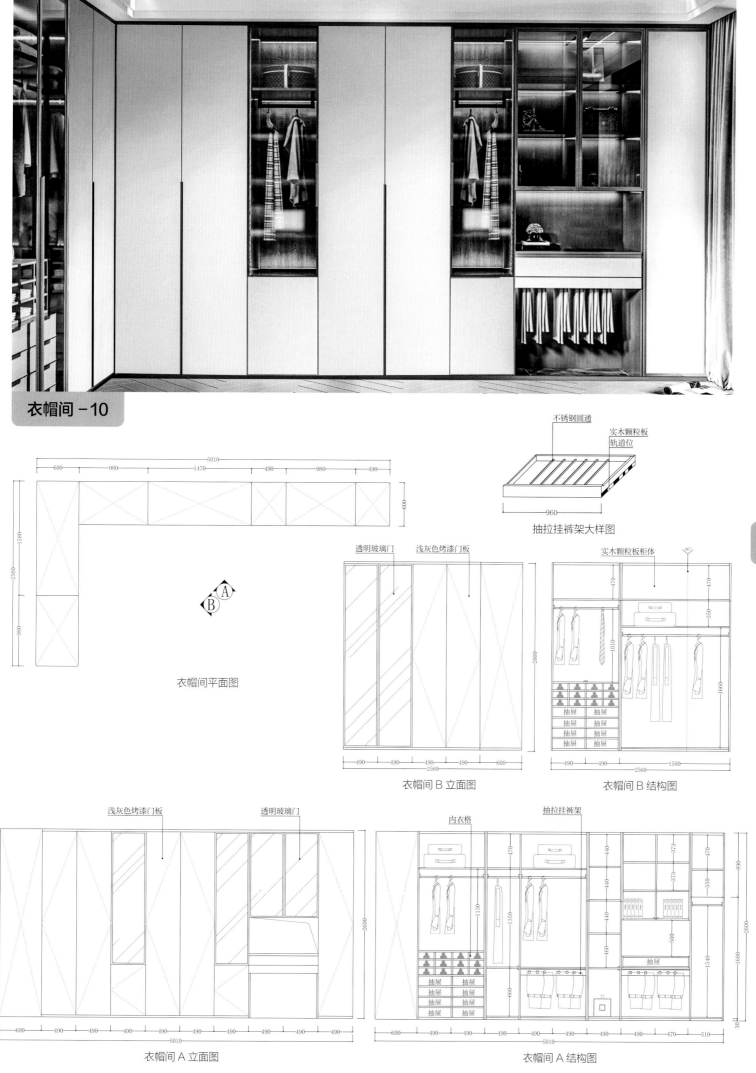

衣帽间 –10

抽拉挂裤架大样图

不锈钢圆通　实木颗粒板　轨道位

960

衣帽间平面图

透明玻璃门　浅灰色烤漆门板

衣帽间 B 立面图

实木颗粒板柜体

抽屉　抽屉

衣帽间 B 结构图

浅灰色烤漆门板　透明玻璃门

衣帽间 A 立面图

内衣格　抽拉挂裤架

抽屉　抽屉　抽屉

衣帽间 A 结构图

衣帽间-11

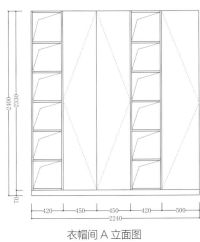

衣帽间 A 立面图

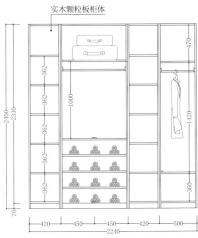

实木颗粒板柜体

衣帽间 A 结构图

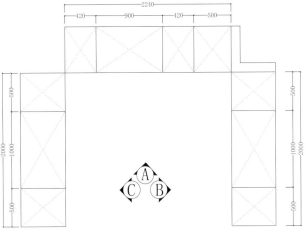

衣帽间平面图

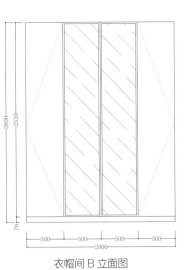

衣帽间 B 立面图

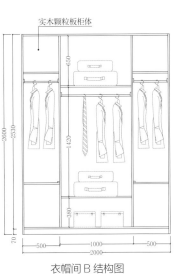

实木颗粒板柜体

衣帽间 B 结构图

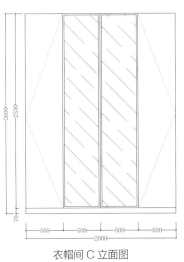

衣帽间 C 立面图

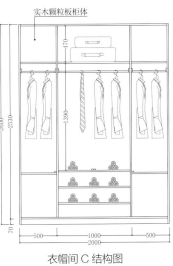

实木颗粒板柜体

衣帽间 C 结构图

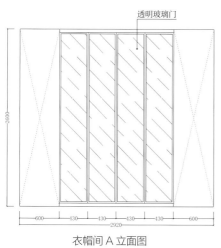

透明玻璃门

衣帽间 A 立面图

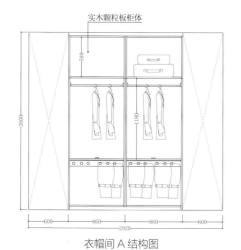

实木颗粒板柜体

衣帽间 A 结构图

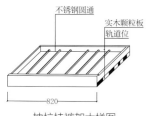

不锈钢圆通
实木颗粒板
轨道位

抽拉挂裤架大样图

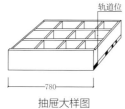

轨道位

抽屉大样图

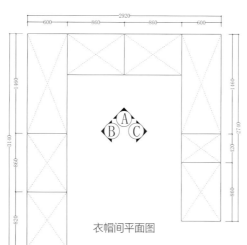

衣帽间平面图

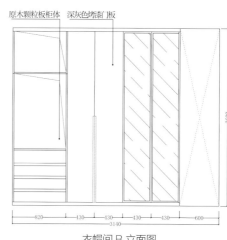

原木颗粒板柜体 深灰色烤漆门板

衣帽间 B 立面图

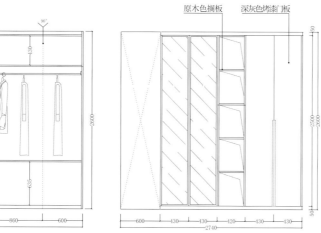

抽拉挂裤架

抽屉
抽屉
抽屉

衣帽间 B 结构图

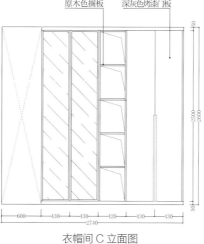

原木色搁板 深灰色烤漆门板

衣帽间 C 立面图

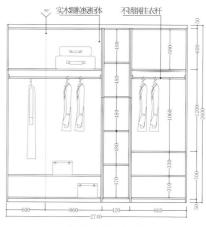

实木颗粒板柜体 不锈钢挂衣杆

衣帽间 C 结构图

衣帽间 –12

144

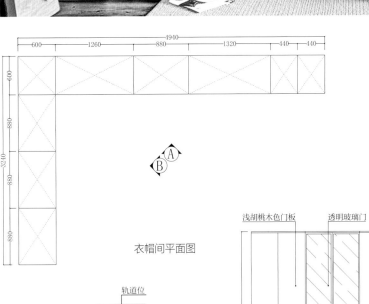

衣帽间平面图

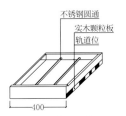

不锈钢圆通
实木颗粒板
轨道位

400

抽拉挂裤架大样图

轨道位

400

抽屉大样图

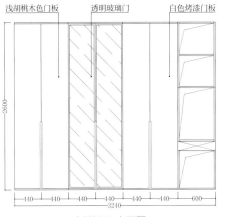

浅胡桃木色门板　　透明玻璃门　　白色烤漆门板

440　440　440　440　440　440　600
3240
2600

衣帽间 B 立面图

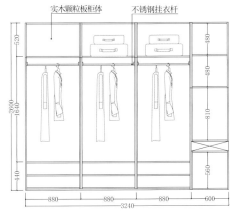

实木颗粒板柜体　　不锈钢挂衣杆

520　480　480　1640　810　660
2600

880　880　880　600
3240

衣帽间 B 结构图

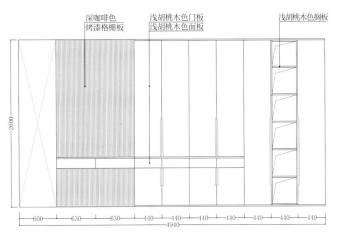

深咖啡色
烤漆格栅板　　浅胡桃木色门板
浅胡桃木色面板　　浅胡桃木色搁板

2600

600　630　630　440　440　440　440
1940

衣帽间 A 立面图

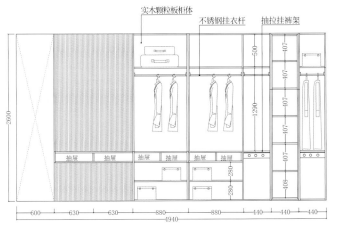

实木颗粒板柜体　　不锈钢挂衣杆　　抽拉挂裤架

500　107　107　107　1290　107　107　080　080

抽屉　抽屉　抽屉　抽屉　抽屉　抽屉

2600

600　630　630　880　880　440　440
1940

衣帽间 A 结构图

衣帽间 -14

不锈钢圆通　实木颗粒板
轨道位

1020

抽拉挂裤架大样图

衣帽间平面图

5230
1080　1060　530　1060　1500

600

600

1060

2740

530

550

浅原木色
木饰面门板　黑色搁板
深灰色烤漆面板

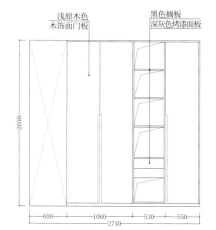

2600

600　1060　530　550
2740

衣帽间 B 立面图

不锈钢
挂衣杆

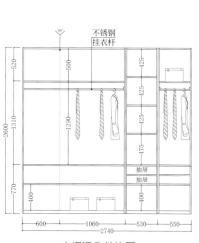

520
500

1290

1310

2600

770

400

425
425
425
175

抽屉
抽屉

400

600　1060　530　550
2740

衣帽间 B 结构图

轨道位

490

抽屉大样图

透明玻璃门　柚木色
木饰面门板　柚木色搁板

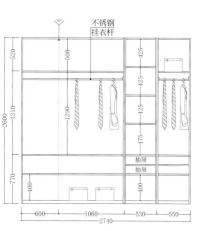

2600
2550

50

1080　1060　530　530　530　900　600
5230

衣帽间 A 立面图

实木颗粒板柜体　抽拉挂裤架

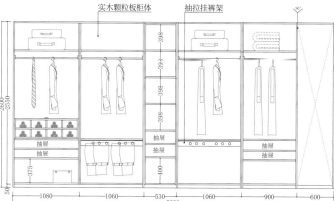

2600
2550

50

398
394
398
398

抽屉
抽屉

375

400

1080　1060　530　1060　900　600
5230

衣帽间 A 结构图

衣帽间-15

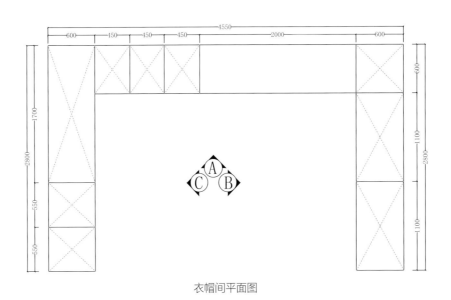

衣帽间平面图

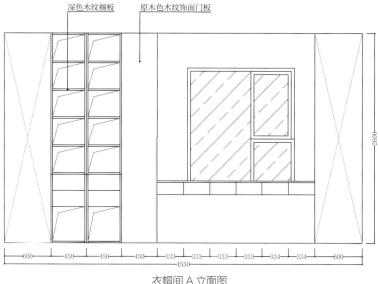

深色木纹搁板　　原木色木纹饰面门板

600 | 150 | 450 | 450 | 333 | 333 | 333 | 333 | 334 | 334 | 600
4550
2600

衣帽间 A 立面图

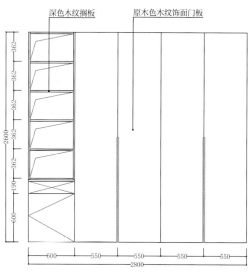

深色木纹搁板　　原木色木纹饰面门板

362 362 362 362 362 190 600
2600
600 | 550 | 550 | 550 | 550
2800

衣帽间 B 立面图

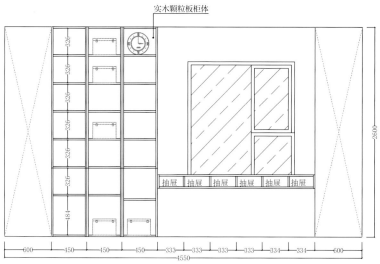

实木颗粒板柜体

326 326 326 326 326 326 184

抽屉 抽屉 抽屉 抽屉 抽屉 抽屉

600 | 450 | 450 | 450 | 333 | 333 | 333 | 333 | 334 | 334 | 600
4550
2600

衣帽间 A 结构图

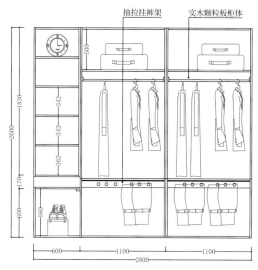

抽拉挂裤架　　实木颗粒板柜体

500 342 342 362 1830 580 1700 600
2600
600 | 1100 | 1100
2800

衣帽间 B 结构图

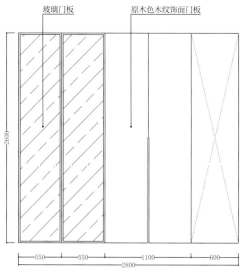

玻璃门板　　原木色木纹饰面门板

2600
550 | 550 | 1100 | 600
2800

衣帽间 C 立面图

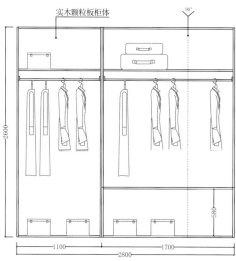

实木颗粒板柜体　　90°

2600
580
1100 | 1700
2800

衣帽间 C 结构图

衣帽间 -16

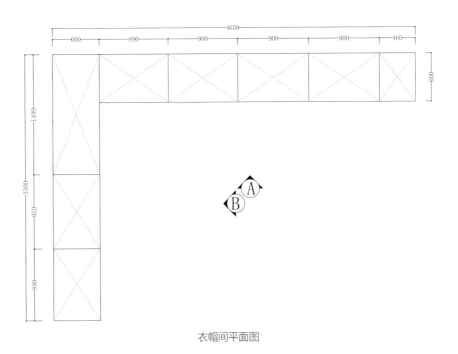

衣帽间平面图

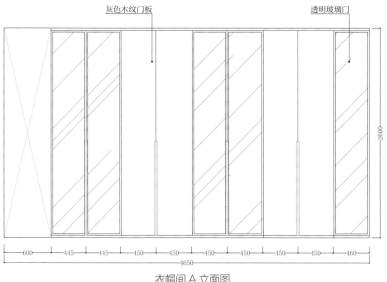

灰色木纹门板　　　　　　　透明玻璃门

600 445 445 450 450 450 450 450 450 460
4650

衣帽间 A 立面图

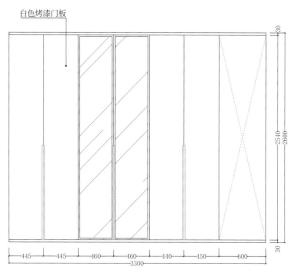

白色烤漆门板

445 445 460 460 440 450 600
3300

衣帽间 B 立面图

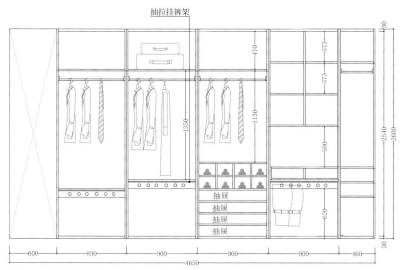

抽拉挂裤架

600 890 900 900 900 160
4650

衣帽间 A 结构图

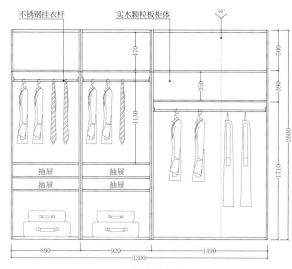

不锈钢挂衣杆　　　实木颗粒板柜体

890 920 1490
3300

衣帽间 B 结构图

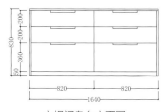

820 820
1640

衣帽间岛台立面图

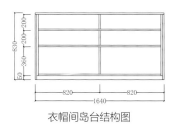

820 820
1640

衣帽间岛台结构图

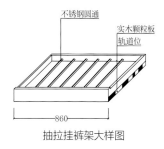

不锈钢圆通
实木颗粒板
轨道位

860

抽拉挂裤架大样图

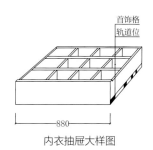

首饰格
轨道位

880

内衣抽屉大样图

149

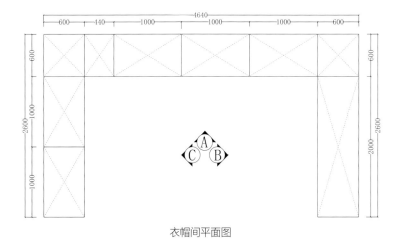

衣帽间平面图

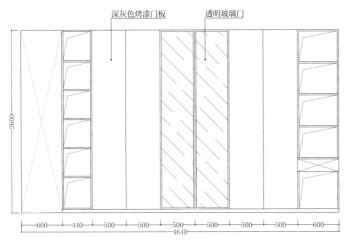

深灰色烤漆门板　　　透明玻璃门

2600

600 440 500 500 500 500 500 500 600
4640

衣帽间 A 立面图

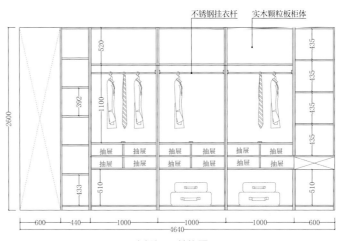

不锈钢挂衣杆　　实木颗粒板柜体

520
435
392
135
1100
135
135
433
510
510

抽屉　抽屉　　抽屉　抽屉　　抽屉　抽屉
抽屉　抽屉　　抽屉　抽屉　　抽屉　抽屉

600 440 1000 1000 1000 600
4640

衣帽间 A 结构图

深灰色烤漆面板

200
780
580

500 500 500
2000

衣帽间 B 立面图

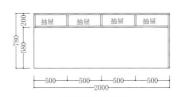

200
780
580

抽屉　抽屉　抽屉　抽屉

500 500 500 500
2000

衣帽间 B 结构图

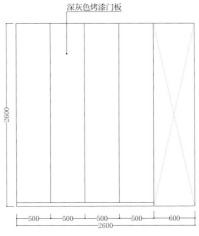

深灰色烤漆门板

2600

500 500 500 500 600
2600

衣帽间 C 立面图

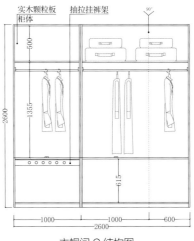

实木颗粒板　　抽拉挂裤架　　　90°
柜体

500
2600
1355
615

1000 1000 600
2600

衣帽间 C 结构图

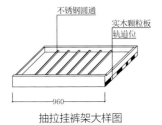

不锈钢圆通
实木颗粒板
轨道位

960

抽拉挂裤架大样图

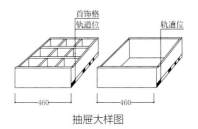

首饰格
轨道位　　　　　　轨道位

460　　　　　460

抽屉大样图

衣帽间-18

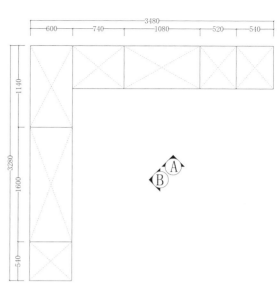

衣帽间平面图

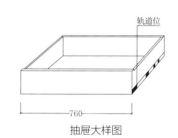

轨道位

抽屉大样图

奶白色吸塑造型门板　　橄榄绿色烤漆搁板

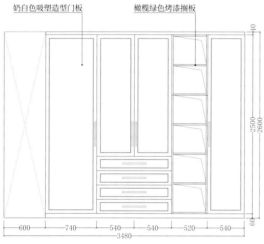

衣帽间 A 立面图

实木颗粒板柜体

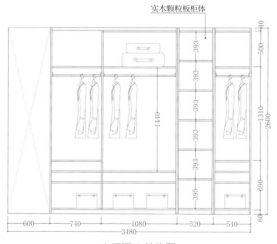

衣帽间 A 结构图

奶白色吸塑造型门板

奶白色
吸塑台面

衣帽间 B 立面图

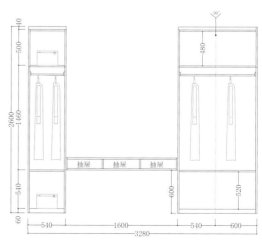

抽屉　抽屉　抽屉

衣帽间 B 结构图

7

阳台柜

在明媚的阳光下，阳台柜和你共享美好时光！

阳台作为一个特殊的空间，连接着室内和室外，在家里起着重要的作用。人们现在喜欢用洗衣机与烘干机，一些业主选择把它们放在阳台区域，而杂乱的清洁用品就需要阳台柜来安置。阳台柜既能使清洁用品收纳整齐、拿取方便，又解决了阳台电器摆放的难题。另外，阳台上通常会有一些管道，定制阳台柜还可以将之隐藏，打造出整齐划一又高效实用的空间。

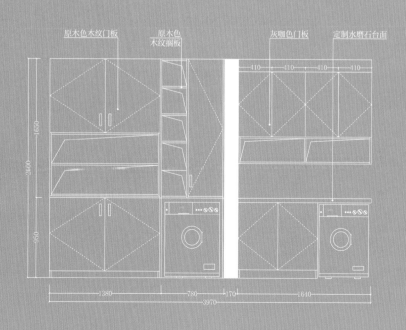

原木色木纹门板　　原木色木纹搁板　　灰咖色门板　　定制水磨石台面

阳台柜-01

阳台柜平面图

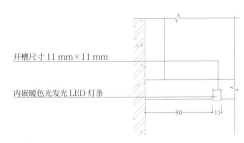

开槽尺寸 11 mm×11 mm

内嵌暖色光发光 LED 灯条

暗藏灯带节点图

铣槽拉手

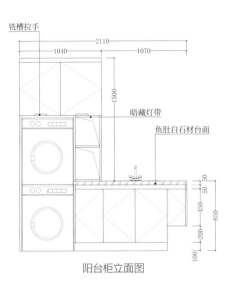

暗藏灯带

鱼肚白石材台面

阳台柜立面图

大芯板结构
内贴波音板

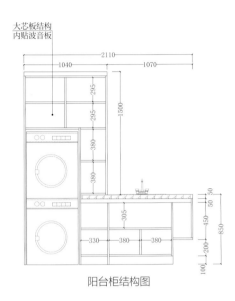

阳台柜结构图

阳台柜-02

阳台柜平面图

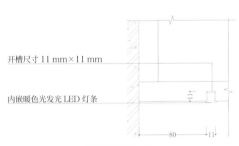

开槽尺寸 11 mm×11 mm

内嵌暖色光发光 LED 灯条

暗藏灯带节点图

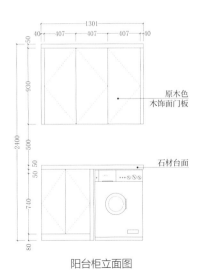

原木色
木饰面门板

石材台面

阳台柜立面图

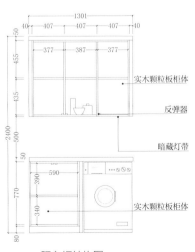

实木颗粒板柜体

反弹器

暗藏灯带

实木颗粒板柜体

阳台柜结构图

阳台柜平面图

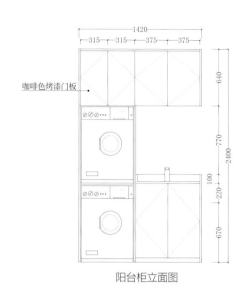

咖啡色烤漆门板

阳台柜立面图

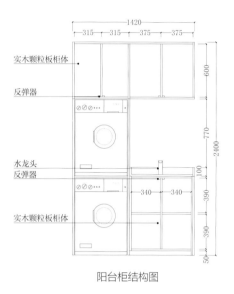

实木颗粒板柜体

反弹器

水龙头
反弹器

实木颗粒板柜体

阳台柜结构图

阳台柜-03

阳台柜-04

阳台柜平面图

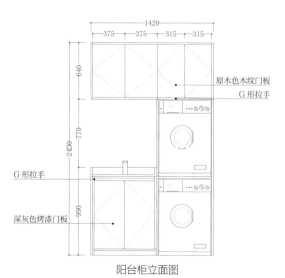

原木色木纹门板
G形拉手

G形拉手

深灰色烤漆门板

阳台柜立面图

实木颗粒板柜体

阳台柜结构图

阳台柜 - 05

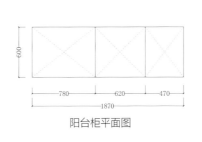

阳台柜平面图

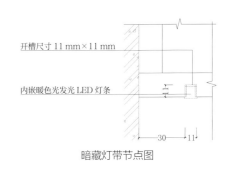

开槽尺寸 11 mm×11 mm

内嵌暖色光发光 LED 灯条

暗藏灯带节点图

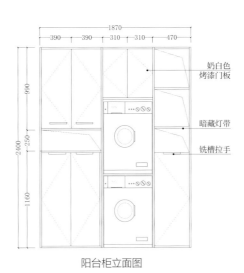

奶白色
烤漆门板

暗藏灯带

铣槽拉手

阳台柜立面图

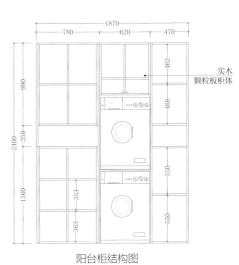

实木
颗粒板柜体

阳台柜结构图

阳台柜 - 06

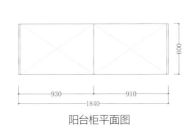

阳台柜平面图

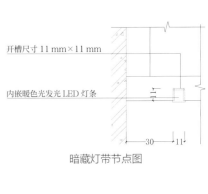

开槽尺寸 11 mm×11 mm

内嵌暖色光发光 LED 灯条

暗藏灯带节点图

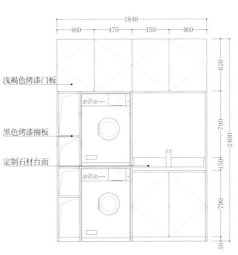

浅褐色烤漆门板

黑色烤漆搁板

定制石材台面

阳台柜立面图

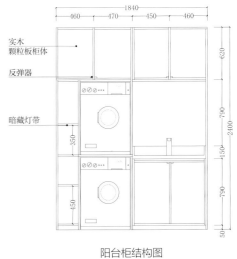

实木
颗粒板柜体

反弹器

暗藏灯带

阳台柜结构图

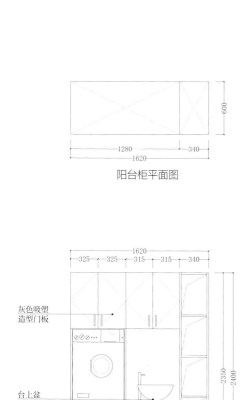

开槽尺寸 11 mm×11 mm

内嵌暖色光发光 LED 灯条

暗藏灯带节点图

阳台柜平面图

灰色吸塑造型门板

台上盆

灰色吸塑门板

阳台柜立面图

实木颗粒板柜体

暗藏灯带

阳台柜结构图

阳台柜 – 07

阳台柜 – 08

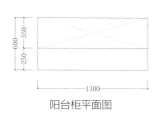

阳台柜平面图

开槽尺寸 11 mm×11 mm

内嵌暖色光发光 LED 灯条

暗藏灯带节点图

深灰色烤漆门板

G 形拉手

灰色开放格

定制石材台面

阳台柜立面图

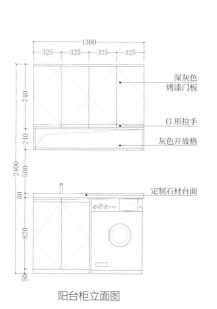

实木颗粒板柜体

暗藏灯带

阳台柜结构图

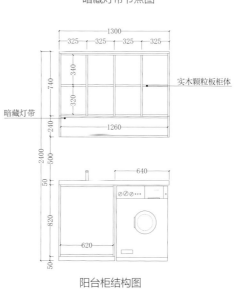

阳台柜-09

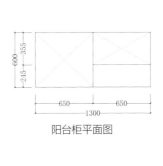

阳台柜平面图

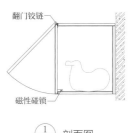

翻门铰链

磁性碰锁

$\frac{1}{-}$ 剖面图

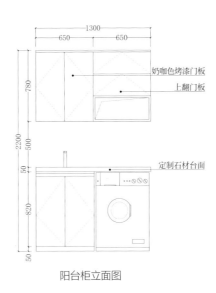

奶咖色烤漆门板

上翻门板

定制石材台面

阳台柜立面图

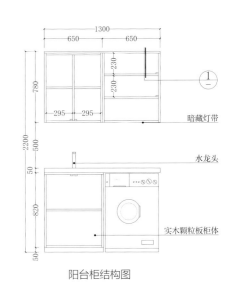

暗藏灯带

水龙头

实木颗粒板柜体

阳台柜结构图

阳台柜-10

阳台柜平面图

开槽尺寸 11 mm×11 mm

内嵌暖色光发光 LED 灯条

暗藏灯带节点图

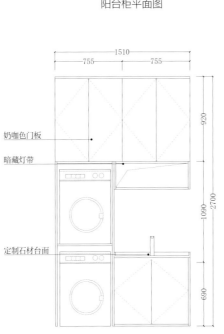

奶咖色门板

暗藏灯带

定制石材台面

阳台柜立面图

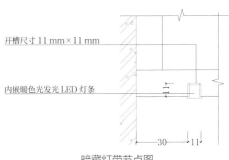

实木颗粒板柜体

反弹器

阳台柜结构图

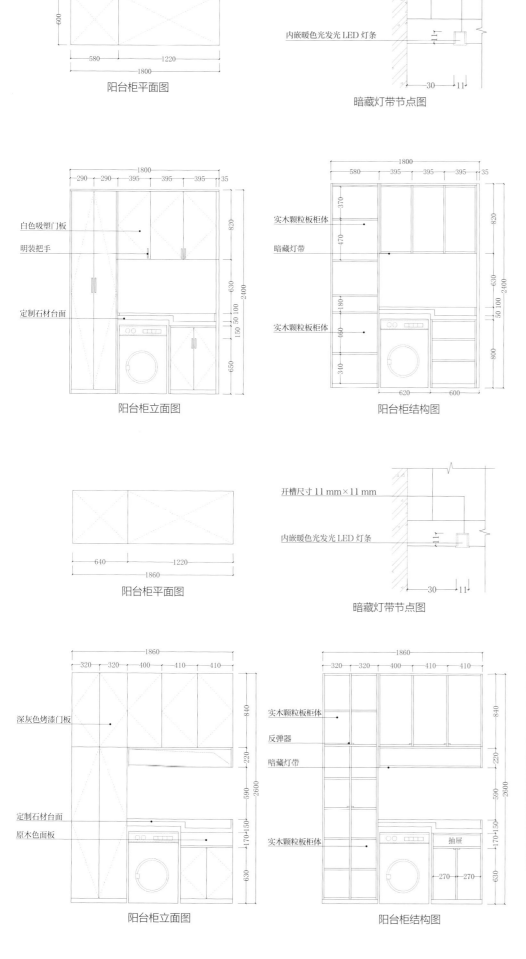

600

580
1220
1800

阳台柜平面图

开槽尺寸 11 mm×11 mm

内嵌暖色光发光 LED 灯条

30   11

暗藏灯带节点图

1800
290 290 395 395 395 35

白色吸塑门板
明装把手

定制石材台面

820
630
150 50 100
650
2400

阳台柜立面图

1800
580 395 395 395 35

实木颗粒板柜体

暗藏灯带

实木颗粒板柜体

370
470
180
460
340

820
50 100
800
2400

620   600

阳台柜结构图

阳台柜 -11

阳台柜 -12

640
1220
1860

阳台柜平面图

开槽尺寸 11 mm×11 mm

内嵌暖色光发光 LED 灯条

11

30   11

暗藏灯带节点图

1860
320 320 400 410 410

深灰色烤漆门板

定制石材台面
原木色面板

840
220
590
170+150
630
2600

阳台柜立面图

1860
320 320 400 410 410

实木颗粒板柜体

反弹器

暗藏灯带

实木颗粒板柜体

抽屉

270 270

840
220
590
170+150
630
2600

阳台柜结构图

阳台柜 -13

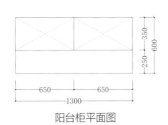

阳台柜平面图

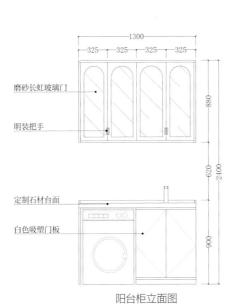

磨砂长虹玻璃门

明装把手

定制石材台面

白色吸塑门板

阳台柜立面图

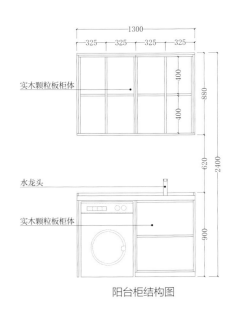

实木颗粒板柜体

水龙头

实木颗粒板柜体

阳台柜结构图

阳台柜 -14

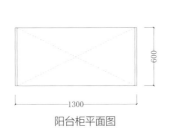

阳台柜平面图

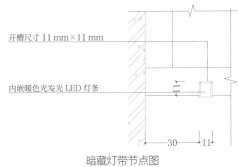

开槽尺寸 11 mm×11 mm

内嵌暖色光发光 LED 灯条

暗藏灯带节点图

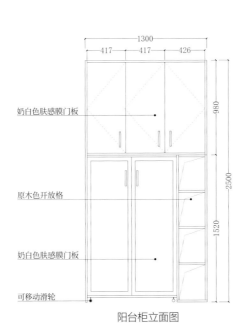

奶白色肤感膜门板

原木色开放格

奶白色肤感膜门板

可移动滑轮

阳台柜立面图

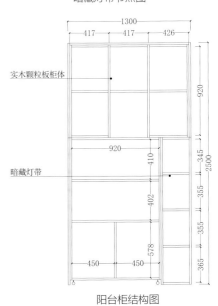

实木颗粒板柜体

暗藏灯带

阳台柜结构图

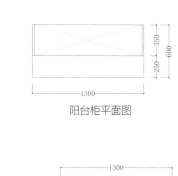

阳台柜平面图

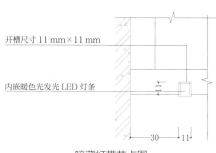

开槽尺寸 11 mm×11 mm

内嵌暖色光发光 LED 灯条

30　11

暗藏灯带节点图

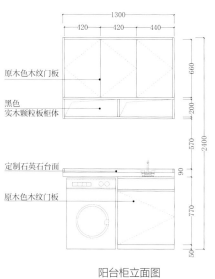

原木色木纹门板

黑色
实木颗粒板柜体

定制石英石台面

原木色木纹门板

阳台柜立面图

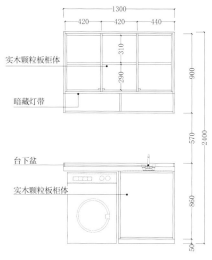

实木颗粒板柜体

暗藏灯带

台下盆

实木颗粒板柜体

阳台柜结构图

阳台柜 -15

阳台柜 -16

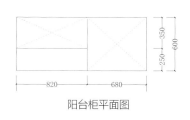

阳台柜平面图

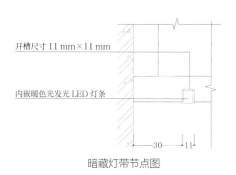

开槽尺寸 11 mm×11 mm

内嵌暖色光发光 LED 灯条

30　11

暗藏灯带节点图

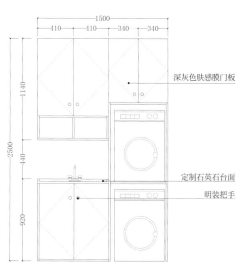

深灰色肤感膜门板

定制石英石台面

明装把手

阳台柜立面图

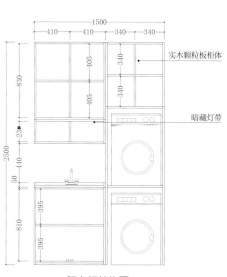

实木颗粒板柜体

暗藏灯带

阳台柜结构图

阳台柜 -17

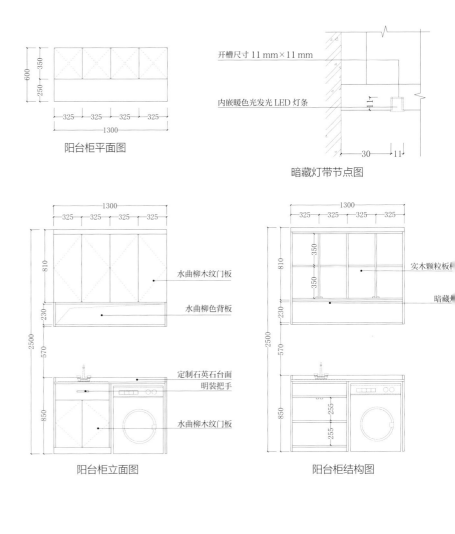

阳台柜平面图

开槽尺寸 11 mm×11 mm

内嵌暖色光发光 LED 灯条

暗藏灯带节点图

水曲柳木纹门板

水曲柳色背板

定制石英石台面
明装把手

水曲柳木纹门板

阳台柜立面图

实木颗粒板柜

暗藏

阳台柜结构图

阳台柜 -18

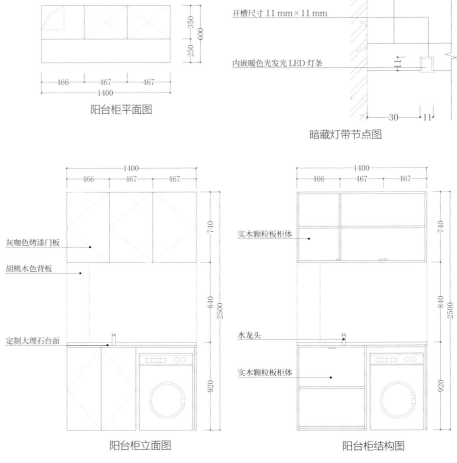

阳台柜平面图

开槽尺寸 11 mm×11 mm

内嵌暖色光发光 LED 灯条

暗藏灯带节点图

灰咖色烤漆门板

胡桃木色背板

定制大理石台面

阳台柜立面图

实木颗粒板柜体

水龙头

实木颗粒板柜体

阳台柜结构图

开槽尺寸
11 mm×11 mm

内嵌暖色光发光
LED 灯条

暗藏灯带节点图

阳台柜 –19

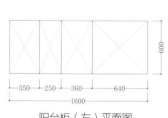

阳台柜（左）平面图

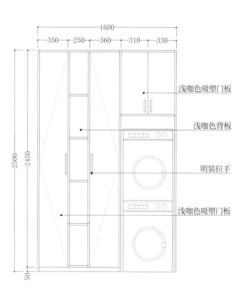

浅咖色吸塑门板

浅咖色背板

明装拉手

浅咖色吸塑门板

阳台柜（左）立面图

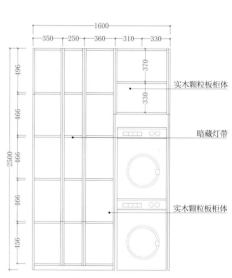

实木颗粒板柜体

暗藏灯带

实木颗粒板柜体

阳台柜（左）结构图

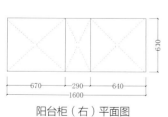

阳台柜（右）平面图

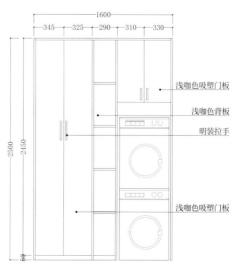

浅咖色吸塑门板

浅咖色背板

明装拉手

浅咖色吸塑门板

阳台柜（右）立面图

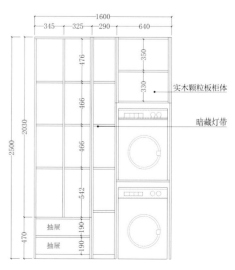

实木颗粒板柜体

暗藏灯带

抽屉

抽屉

阳台柜（右）结构图

阳台柜-20

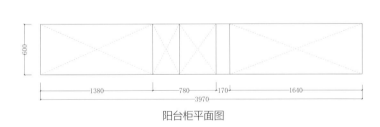

阳台柜平面图

600
1380　780　170　1640
3970

开槽尺寸 11 mm×11 mm

内嵌暖色光发光 LED 灯条

30　11

暗藏灯带节点图

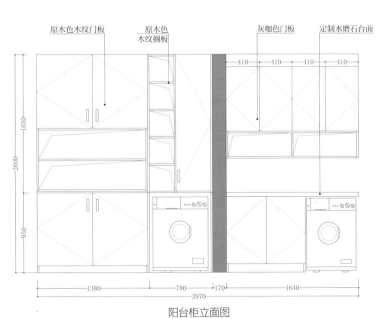

原木色木纹门板　原木色木纹搁板　灰咖色门板　定制水磨石台面

410　410　410　410

2600　1650　950

1380　780　170　1640
3970

阳台柜立面图

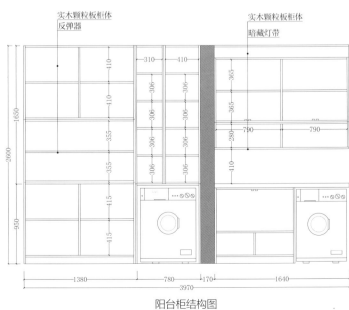

实木颗粒板柜体　反弹器　实木颗粒板柜体　暗藏灯带

310　410　365

410　306　306　365

355　306　306　280　790　790

355　306　306

415　306

415

2600　1650　950

1380　780　170　1640
3970

阳台柜结构图

8 电视柜

陈列喜爱的物品，收纳零散的杂物，彻底告别凌乱，电视柜帮你打造一个整洁美观的家！

如今，电视柜不再是单一地摆放电视，还兼具装饰墙体、统一风格、陈列物品、收纳杂物的功能。看似线条简洁的电视柜，可以轻而易举地把电视、音响、书籍等物品集中收纳在一起，宽大的柜门可将零散的物品轻松遮掩起来。

电视柜设计应先根据空间的大小确定电视柜的位置，再根据款式、背景墙颜色等选择适宜的风格，这样有助于客厅整体风格的和谐统一。

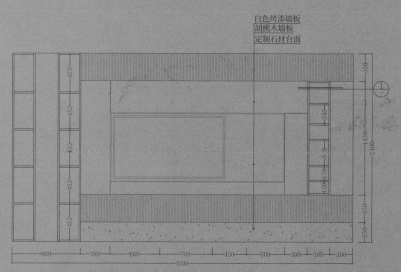

白色烤漆墙板
胡桃木墙板
定制石材台面

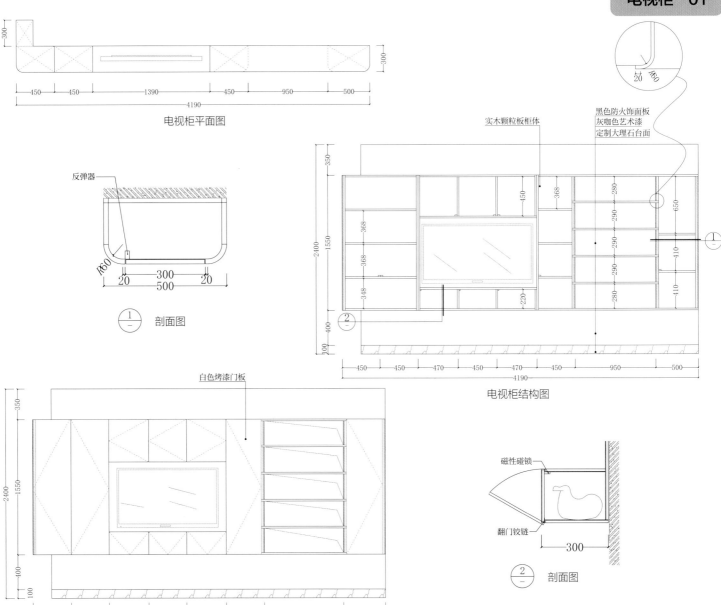

电视柜平面图

反弹器

R60
20   300   20
500

① 剖面图

实木颗粒板柜体

黑色防火饰面板
灰咖色艺术漆
定制大理石台面

电视柜结构图

白色烤漆门板

磁性碰锁

翻门铰链

300

② 剖面图

电视柜立面图

电视柜-02

电视柜平面图

300

840　2270　470

3580

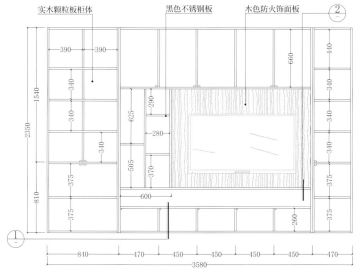

实木颗粒板柜体　黑色不锈钢板　木色防火饰面板

390　390

660

440

340

340

340

290

340

625

280

340

340

505

370

375

375

600

375

260

375

840　470　450　450　450　450　470

3580

电视柜结构图

1540

2350

810

磁性碰锁

翻门铰链　300

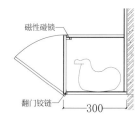

① 剖面图

暗藏灯带

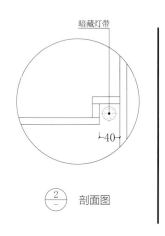

40

② 剖面图

白色烤漆门板　木色防火饰面板
定制黑色不锈钢搁板

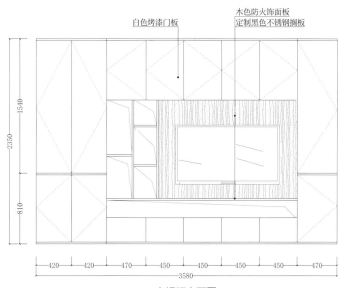

1540

2350

810

420　420　470　450　450　450　450　470

3580

电视柜立面图

300

450   1980   1240
3670

电视柜平面图

咖啡色覆膜门板
胡桃木门板

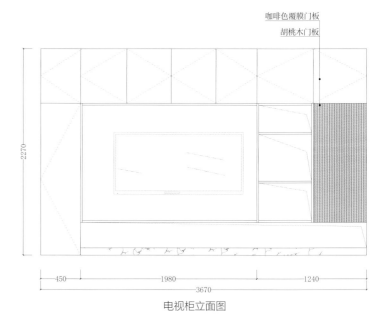

2270

450   1980   1240
3670

电视柜立面图

黑色亚光不锈钢板
灰色石材饰面板

胡桃木实木颗粒板柜体

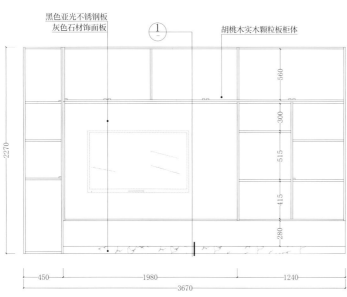

560

300

515

415

280

2270

450   1980   1240
3670

电视柜结构图

细工木板打底
灰色石材饰面

1   剖面图

电视柜－04

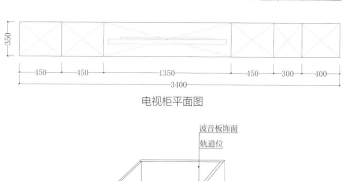

电视柜平面图

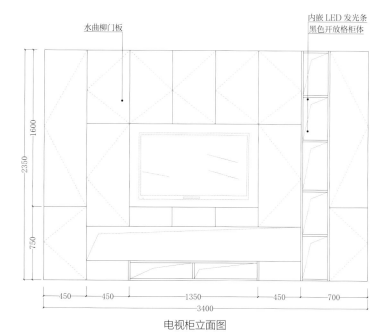

水曲柳门板

内嵌 LED 发光条
黑色开放格柜体

1600
2350
750

450　450　1350　450　700
3400

电视柜立面图

波音板饰面
轨道位

抽屉大样图

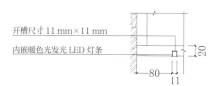

开槽尺寸 11 mm×11 mm
内嵌暖色光发光 LED 灯条

20
80　11

①　剖面图

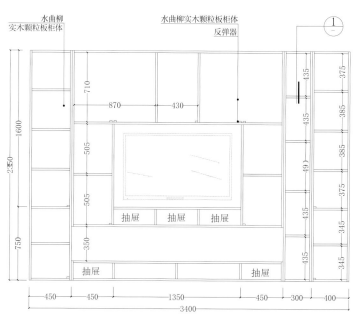

水曲柳
实木颗粒板柜体

水曲柳实木颗粒板柜体
反弹器

710
1600
505
2350
505
750
350

870　430

375
385
385
375
345

435
435
490
435
345

抽屉　抽屉　抽屉

抽屉　抽屉

450　450　1350　450　300　400
3400

电视柜结构图

浅咖色门板
黑色柜体板
内嵌电视机
灰色石材饰面板

2350
2170
180

300 1400 400 800
2900

电视柜立面图

300
300 1800 800
2900

电视柜平面图

暗藏灯带

40
40

① 剖面图

细工木板打底
爵士白石材饰面板

② 剖面图

原木色实木颗粒板柜体
开放格

785 775
730
345
2350
2170
345
660
1080
350
350
350
抽屉
抽屉
660
340
180

300 1400 400 800
2900

①
②

电视柜结构图

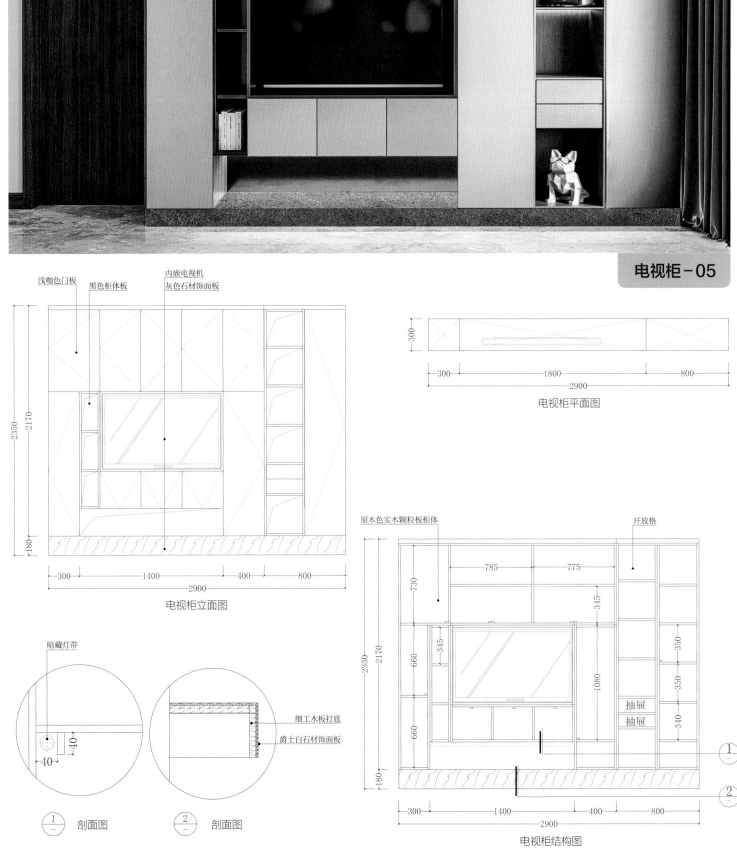

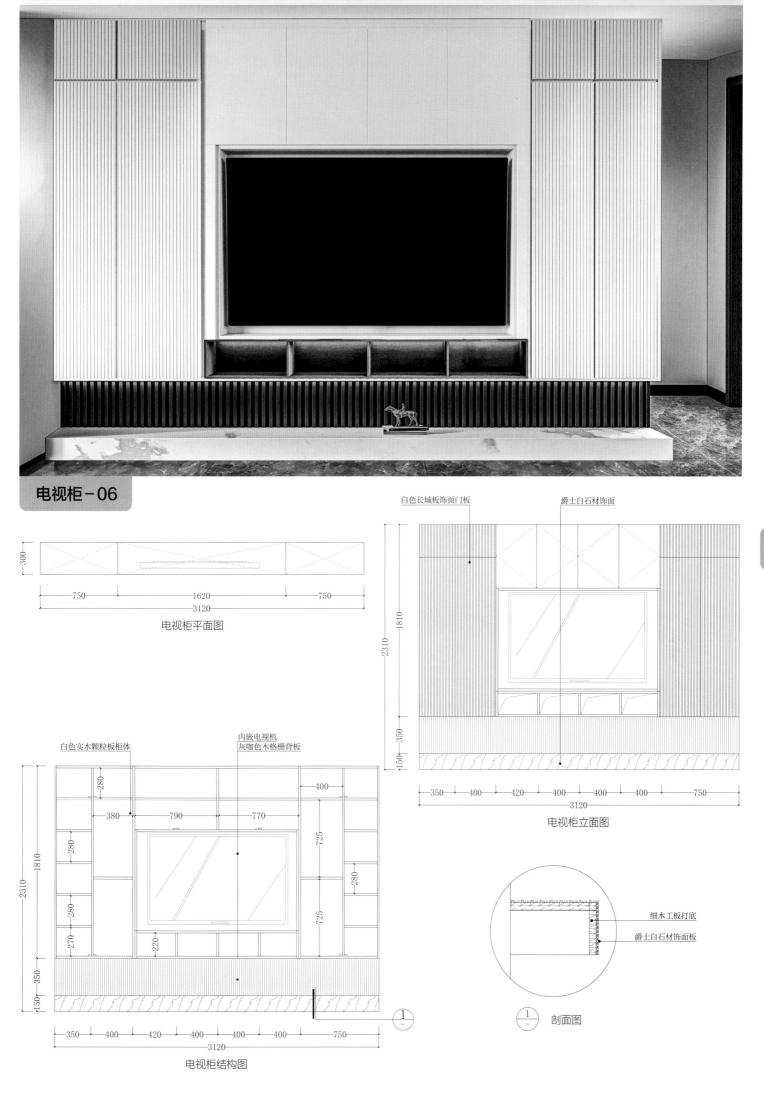

电视柜－06

白色长城板饰面门板

爵士白石材饰面

电视柜平面图

电视柜立面图

白色实木颗粒板柜体

内嵌电视机
灰咖色木格栅背板

细木工板打底

爵士白石材饰面板

剖面图

电视柜结构图

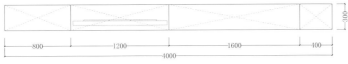

| 800 | 1200 | 1600 | 400 |

300

4000

电视柜平面图

黑色亚光不锈钢板
灰色石材饰面板　　　　胡桃木饰面门板

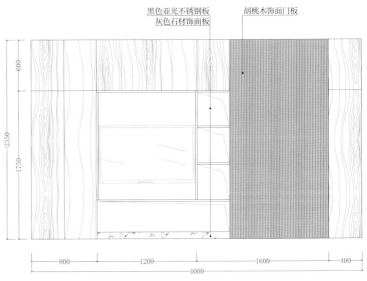

600

2350

1750

| 800 | 1200 | 1600 | 400 |

4000

电视柜立面图

黑色亚光不锈钢背板
灰色石材饰面　　　　　　　　　　胡桃木
　　　　　　　　　　　　　　　实木颗粒板柜体

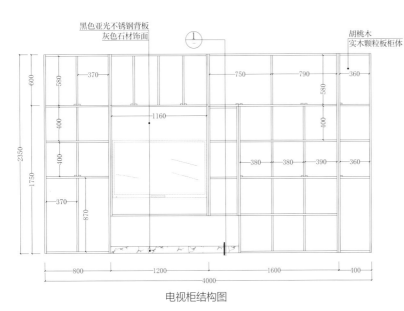

600
580　370
1160
400
750　790
580　360
400
2350
1750
400
380　380　390　360
370
870

| 800 | 1200 | 1600 | 400 |

4000

电视柜结构图

细木工板打底

灰色石材饰面板

① 剖面图

电视柜 -08

300
800	2400	1150
4350		

电视柜平面图

咖啡色开放格　白色混油门板　　　　　　　柚木色格栅门板
　　　　　爵士白石材台面

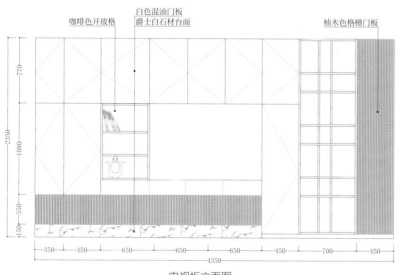

770	2350	1080	350	150

350 | 150 | 650 | 650 | 650 | 450 | 700 | 450
4350

电视柜立面图

波音板饰面
轨道位

抽屉大样图

细工木板打底
水曲柳饰面板

① 剖面图

深色格栅背板

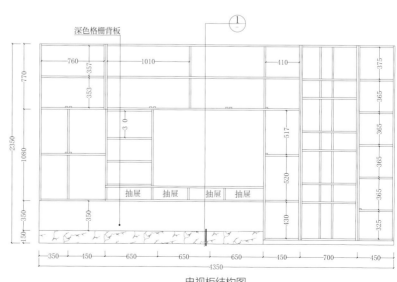

770	2350	1080	350	150

760 | 357 | 1010 | 410 | 375
353 | | | 365
3 0 | | 517 | 365
抽屉 | 抽屉 | 抽屉 | 抽屉 | 520 | 365
350 | | 430 | 365
325

350 | 450 | 650 | 650 | 650 | 450 | 700 | 450
4350

电视柜结构图

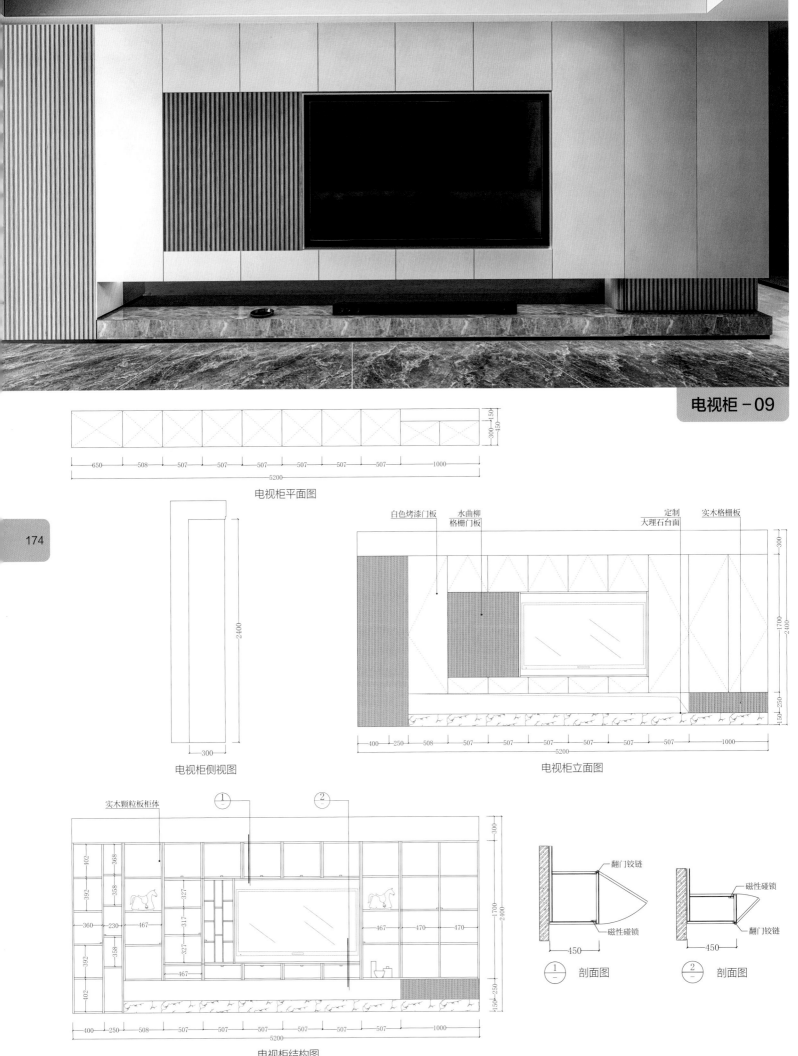

电视柜平面图

电视柜侧视图

电视柜立面图

白色烤漆门板　　水曲柳
　　　　　　　格栅门板

定制
大理石台面　　实木格栅板

实木颗粒板柜体

电视柜结构图

翻门铰链

磁性碰锁

①　剖面图

磁性碰锁

翻门铰链

②　剖面图

电视柜 -10

电视柜平面图

黑色不锈钢
开放格　　咖啡色格栅背板

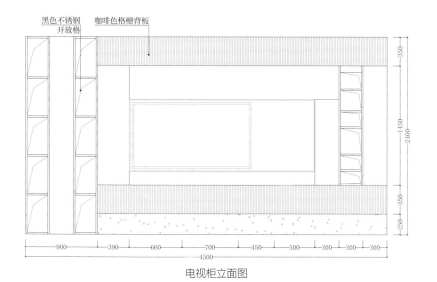

电视柜立面图

电视柜侧视图

白色烤漆墙板
胡桃木墙板
定制石材台面

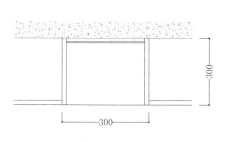

① 剖面图

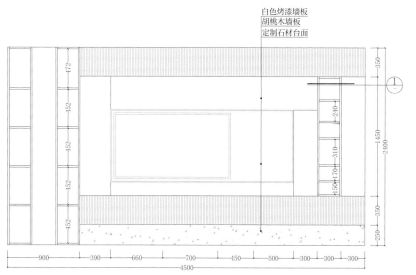

电视柜结构图

电视柜平面图

700 740 1400 350 350 350 390
4280
300

黑框灰色玻璃门   白桦木烤漆门板

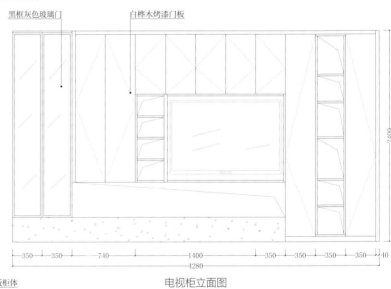

电视柜立面图

350 350 740 1400 350 350 350 350 40
4280
2100

18
18

反弹器

实木颗粒板柜体
定制大理石台面

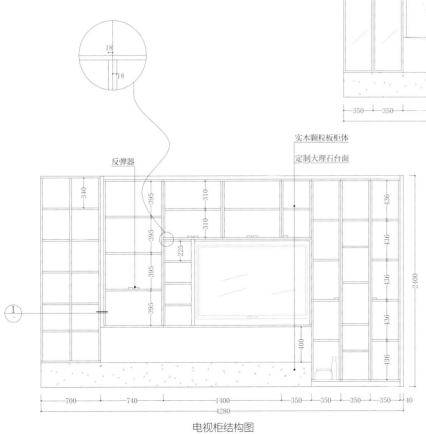

电视柜结构图

700 740 1400 350 350 350 350 40
4280
2100

340 395 310 310 225 395 395 400 136 436 436 436

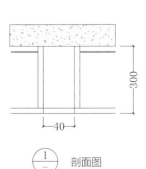

300
40

①
剖面图

电视柜－12

1240　1750　890
3880

电视柜平面图

仿大理石烤漆门板　实木格栅门板

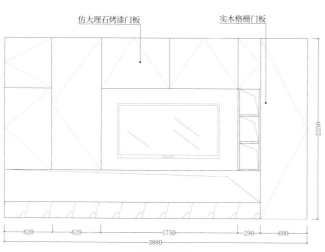

620　620　1750　290　600
3880

2250

电视柜立面图

翻门铰链

磁性碰锁

300

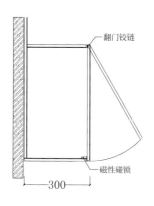

1
——
剖面图

定制大理石台面　实木颗粒板柜体

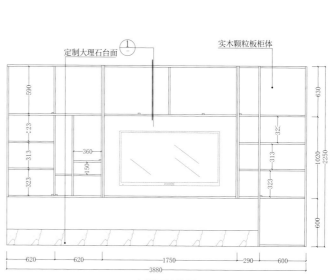

590　630
23　32
313　313
323　1020　323
2250
600

620　620　1750　290　600
3880

360
150

电视柜结构图

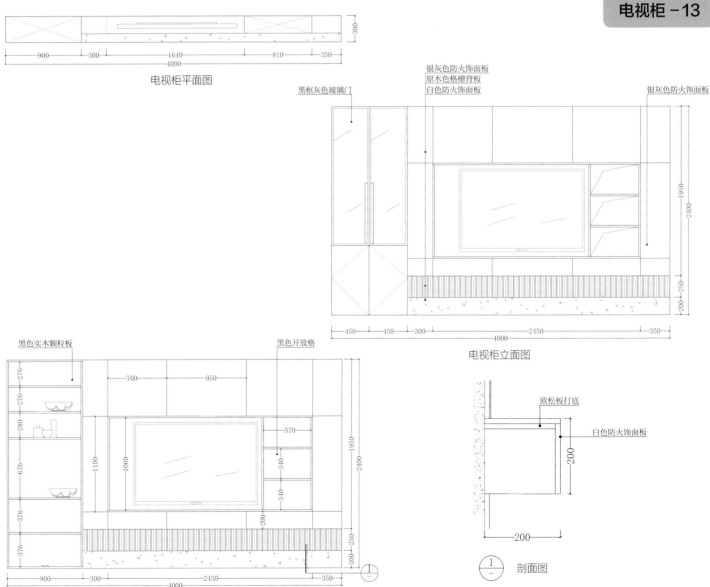

电视柜平面图

电视柜立面图

银灰色防火饰面板
原木色格栅背板
白色防火饰面板

银灰色防火饰面板

黑框灰色玻璃门

黑色实木颗粒板

黑色开放格

电视柜结构图

欧松板打底

白色防火饰面板

剖面图

电视柜 –14

电视柜平面图

300
600 600 2000 600 900
4700

茶色玻璃柜　　　　黑色开放格　　　　　　　　　黑框灰色玻璃门

2400
2200
200

600 600 2000 600 450 450
4700

电视柜立面图

黑色实木颗粒板

浅灰色防火饰面板
原木色格栅背板
定制大理石台面

330
276
326
376
376

2400
2200
300
200

600 600 2000 600 900
4700

电视柜结构图

电视柜 -15

300

400 800 1600 550 850
4200

电视柜平面图

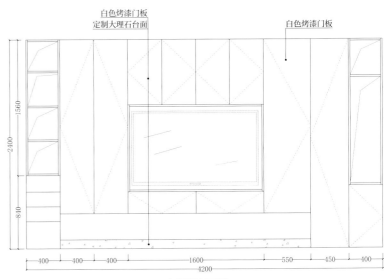

白色烤漆门板
定制大理石台面

白色烤漆门板

1560

2400

840

400 400 400 1600 550 450 400
4200

电视柜立面图

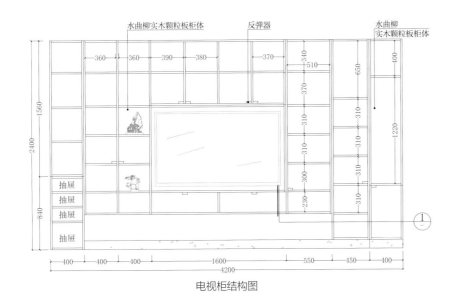

水曲柳实木颗粒板柜体   反弹器   水曲柳
实木颗粒板柜体

360 360 390 380 370 310 100
510
370

1560

310

2400

310
650
310

1220

抽屉
840 抽屉 230
抽屉 300 310
抽屉

400 400 400 1600 550 450 400
4200

电视柜结构图

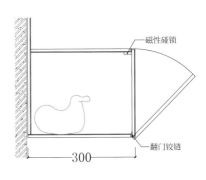

磁性碰锁

300

翻门铰链

① 剖面图

电视柜－16

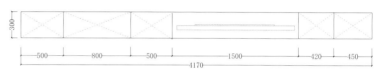

电视柜平面图

黑框灰色玻璃门

深色木纹格栅门板
深色实木颗粒柜体板
定制黑色大理石台面

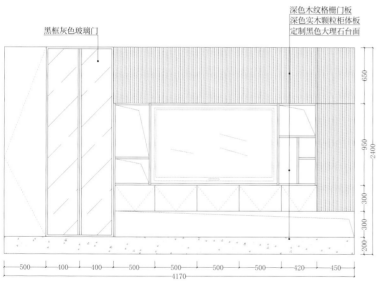

电视柜立面图

磁性碰锁

翻门铰链

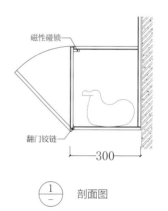

① 剖面图

暗藏灯带

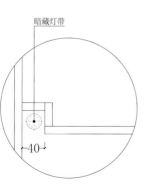

② 剖面图

深灰色
实木颗粒板

反弹器

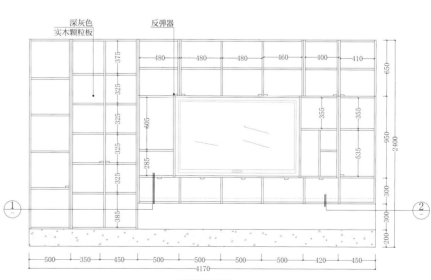

电视柜结构图

300

390 410 450 1800 450 800
4300

电视柜平面图

300

50

① 剖面图

黑色开放格　　　　　奶白色烤漆门板　　　　黑框灰色玻璃门

180
180
2400
180
180
180

390 410 450 450 450 450 450 800
4300

电视柜立面图

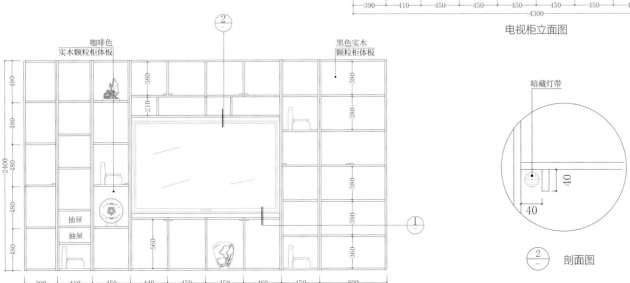

咖啡色
实木颗粒柜体板

黑色实木
颗粒柜体板

480
480
2400
480
480
480

380
210
380
380
380
560
360

抽屉
抽屉

②

①

390 410 450 440 450 460 450 800
4300

电视柜结构图

暗藏灯带

40

40

② 剖面图

电视柜 –18

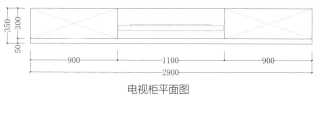

电视柜平面图

350 300 50
900 1100 900
2900

暗藏 LED 发光条

白色混油门板
灰色石材饰面板

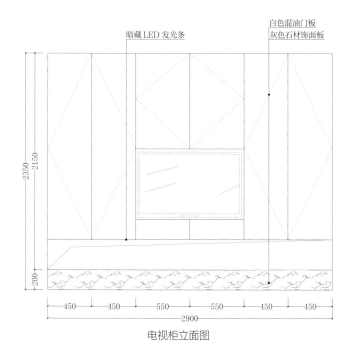

电视柜立面图

2350 2150 200
450 450 550 550 450 450
2900

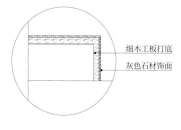

细木工板打底
灰色石材饰面

①／ 剖面图

开槽尺寸 11mm×11mm
内嵌暖色光发光 LED 条
80 11

②／ 剖面图

白色实木颗粒板柜体
反弹器

灰色饰面背板

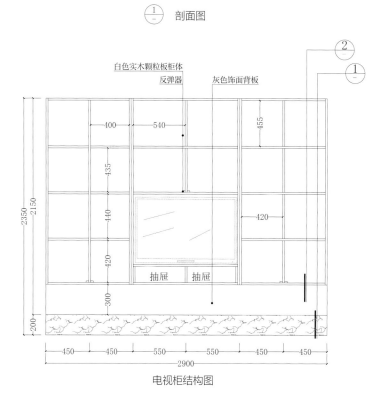

电视柜结构图

2350 2150 200
400 540 455
435
440 420
420
300
450 450 550 550 450 450
2900

抽屉 抽屉

电视柜 -19

300 · 500 · 1000 · 2000 · 1000
4500

电视柜平面图

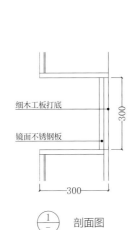

细木工板打底

镜面不锈钢板

300

300

① 剖面图

白桦木色门板
木色门板　　　镜面不锈钢板　　　黑色开放格

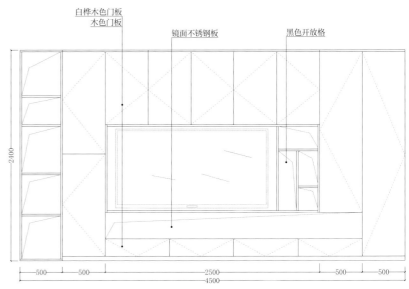

2400

500 · 500 · 2500 · 500 · 500
4500

电视柜立面图

黑色实木颗粒柜体　　深灰色实木颗粒柜体
　　　　　　　　　　镜面不锈钢板

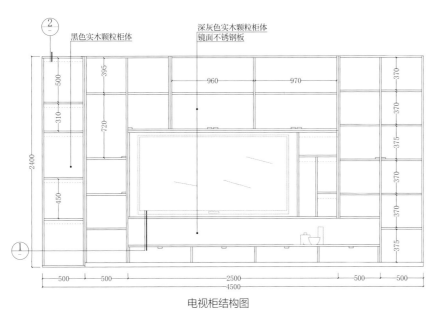

②

500 · 39.5 · 960 · 970 · 370
310 · 720 · 370
2400 · 375
450 · 370
① · 375

500 · 500 · 2500 · 500 · 500
4500

电视柜结构图

暗藏灯带

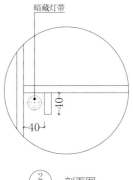

40
40

② 剖面图

电视柜 -20

300

500　400　500　1650　700　600
4350

电视柜平面图

深灰色实木颗粒板柜体　白色烤漆门板　白色烤漆门板
原木色格栅墙板

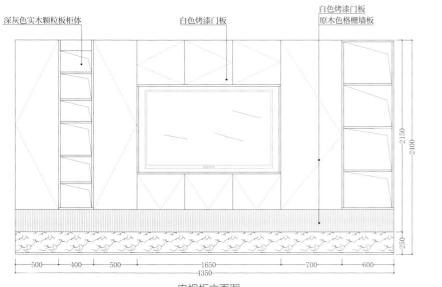

2400
2150
250

500　400　500　1650　700　600
4350

电视柜立面图

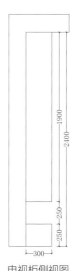

2400
1900
250
250

300

电视柜侧视图

磁性碰锁

翻门铰链

300

① 剖面图

反弹器　深色实木颗粒板柜体
原木色格栅墙板

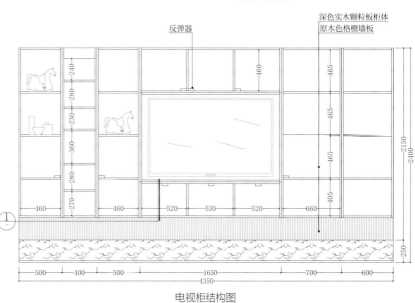

240　280　230　360　280　270　460

460　460　520　530　520　660

2400
2150
250

500　400　500　1650　700　600
4350

① 电视柜结构图

600　600　1800　400　400
3800

电视柜平面图

300
2400　1850
150 150 250

电视柜侧视图

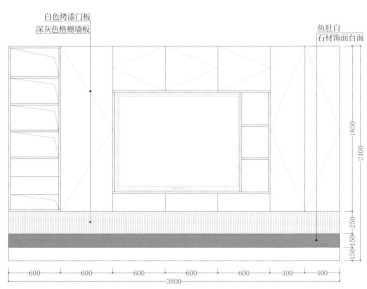

白色烤漆门板
深灰色格栅墙板

鱼肚白
石材饰面台面

1850
2400
150 150 250

600　600　600　600　400　400
3800

电视柜立面图

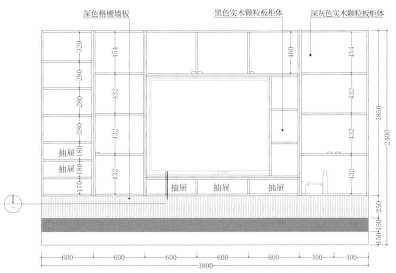

深色格栅墙板　　黑色实木颗粒板柜体　深灰色实木颗粒板柜体

320
280
280
280
抽屉　180
抽屉　180
170

154
432
432
432

160

154
432
432

432

抽屉　抽屉　抽屉

1850
2400
150 150 250

600　600　600　600　600　400　400
3800

电视柜结构图

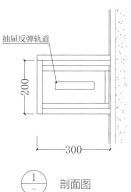

抽屉反弹轨道

200

300

剖面图

电视柜-22

300

450 | 800 | 1820 | 880

3950

电视柜平面图

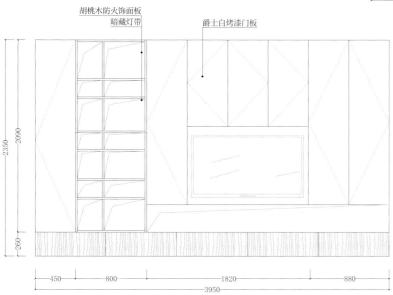

胡桃木防火饰面板
暗藏灯带

爵士白烤漆门板

2350
2090

260

450 | 800 | 1820 | 880

3950

电视柜立面图

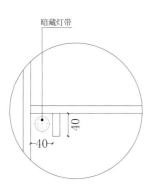

暗藏灯带

40

40

① 剖面图

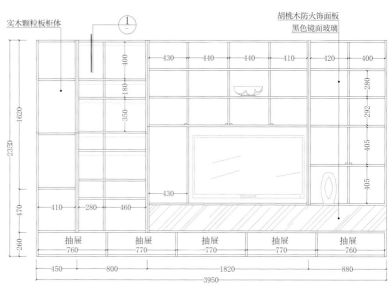

实木颗粒板柜体

①

胡桃木防火饰面板
黑色镜面玻璃

430 | 440 | 440 | 410 | 420 | 400

400

1620

180

350

280

292

405

405

2350

470

410 | 280 | 460

430

260

抽屉 | 抽屉 | 抽屉 | 抽屉 | 抽屉
760 | 770 | 770 | 770 | 760

450 | 800 | 1820 | 880

3950

电视柜结构图

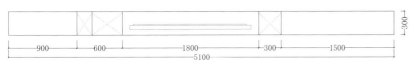

电视柜平面图

900 600 1800 300 1500
5100
300

188

内嵌黑色钢板

咖啡色饰面板
原木色格栅板
深色大理石台面

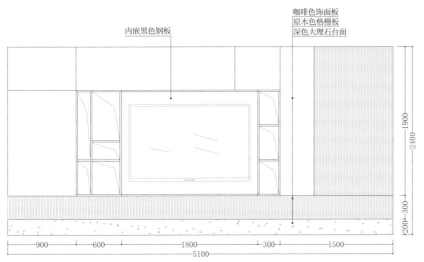

电视柜立面图

900 600 1800 300 1500
5100
2400 1900 200-300

电视柜侧视图

300
2400 1900 200

细木工板打底

原木色格栅板

300

300

① 剖面图

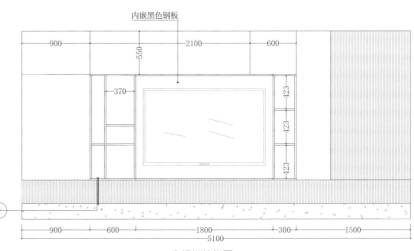

内嵌黑色钢板

900 2100 600
550
370
423
423
423

电视柜结构图

900 600 1800 300 1500
5100

电视柜－24

| 800 | 800 | 2000 | 400 | 800 |

300

电视柜平面图

透明玻璃门
黑色磨砂门板　　　　　　　暖灰色烤漆门板　　　黑色玻璃背板

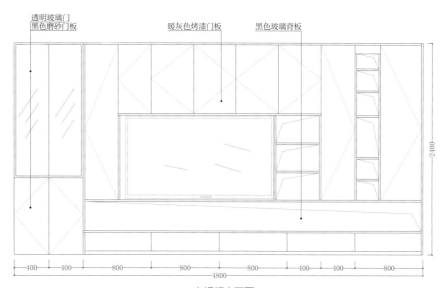

| 400 | 400 | 800 | 800 | 800 | 400 | 400 | 800 |

4800

2400

电视柜立面图

黑色
实木颗粒板柜体　　　　　反弹器

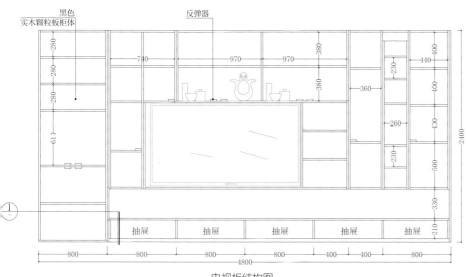

280
280
280
611

740　　970　　970

380
380

360

230
260
230

440
400
430
500

2400

330
210

| 抽屉 | 抽屉 | 抽屉 | 抽屉 | 抽屉 |

| 800 | 800 | 800 | 400 | 400 | 800 |

4800

电视柜结构图

轨道位

800

抽屉大样图

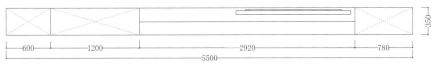

| 600 | 1200 | 2920 | 780 |

5500

350

电视柜平面图

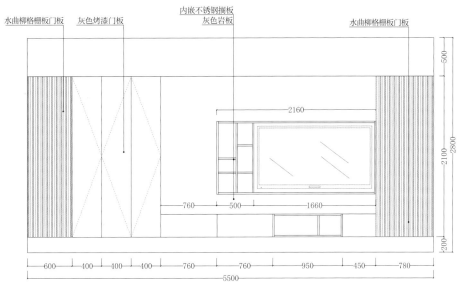

水曲柳格栅板门板　　灰色烤漆门板　　内嵌不锈钢搁板　　灰色岩板　　水曲柳格栅板门板

2160

500　2100　2800　200

| 760 | 500 | 1660 |

| 600 | 400 | 400 | 400 | 760 | 760 | 950 | 450 | 780 |

5500

电视柜立面图

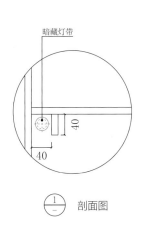

暗藏灯带

40

40

40

剖面图

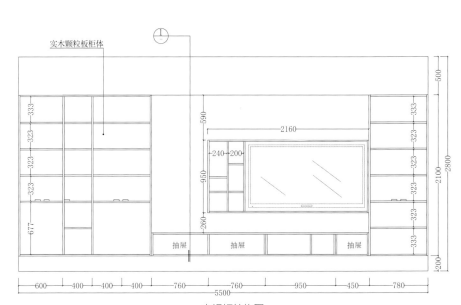

实木颗粒板柜体

2160

333　323　323　323　677

590　950　260

240　200

抽屉　　抽屉　　抽屉

500　2100　2800　200

333　323　323　323　333

| 600 | 400 | 400 | 400 | 760 | 760 | 950 | 450 | 780 |

5500

电视柜结构图

9 橱柜

厨房的烟火气让家变成了更有温度的存在，看似日常，却是一个家的核心，一家人围坐在餐桌边共享美食才更能体现出家存在的意义。

巧妙的橱柜设计不仅可以为生活提供便利，还可以增加家人之间的互动，有助于情感升温。例如一些橱柜与餐桌或岛台连接设计的方式，在节省空间、减少动线的同时，还有效增加了家人间的交流。

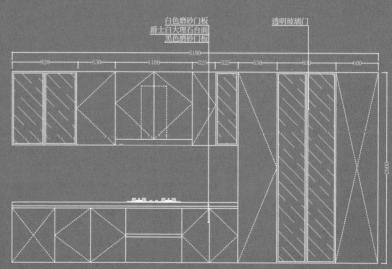

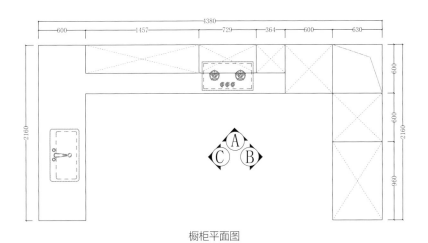

橱柜平面图

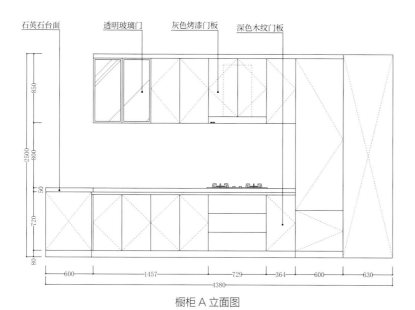

石英石台面　透明玻璃门　灰色烤漆门板　深色木纹门板

600　　1457　　729　　364　　600　　630
4380

橱柜 A 立面图

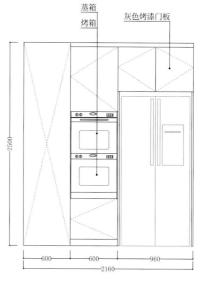

蒸箱
烤箱　　灰色烤漆门板

600　600　960
2160

橱柜 B 立面图

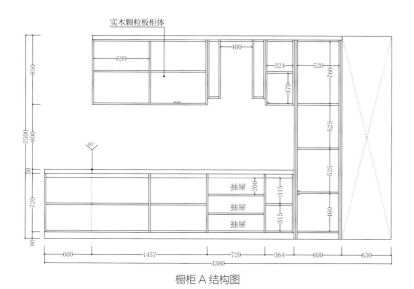

实木颗粒板柜体

699　　400　　324　520
370　　760
525
525
抽屉　　200　315
抽屉　　315
抽屉　　460

600　　1457　　729　　364　　600　　630
4380

橱柜 A 结构图

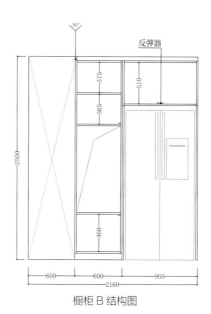

反弹器

90°
375　510
365
460

600　600　960
2160

橱柜 B 结构图

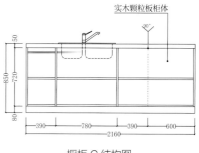

石英石台面

390　390　390　390　600
2160

橱柜 C 立面图

实木颗粒板柜体

90°

390　780　390　600
2160

橱柜 C 结构图

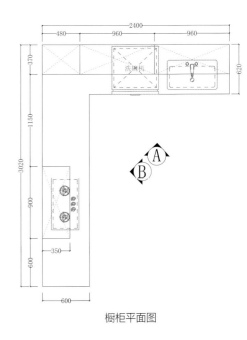

橱柜平面图

橱柜 - 02

绿色搁板

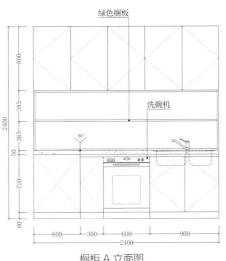

洗碗机

橱柜 A 立面图

反弹器　实木颗粒板柜体

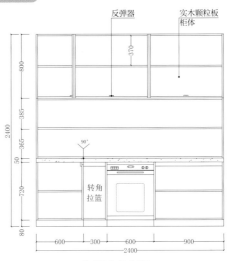

转角拉篮

橱柜 A 结构图

白色烤漆门板

石材台面

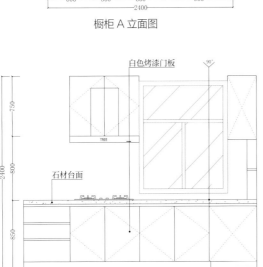

橱柜 B 立面图

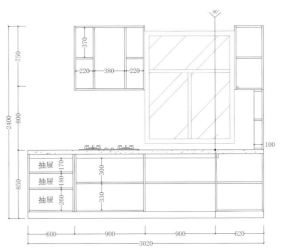

抽屉
抽屉
抽屉

橱柜 B 结构图

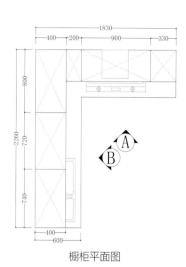

櫥柜平面图

橱柜－03

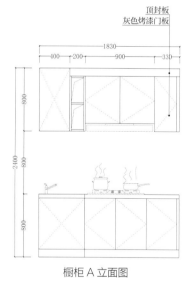

櫥柜 A 立面图

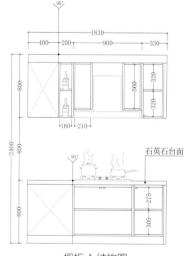

櫥柜 A 结构图

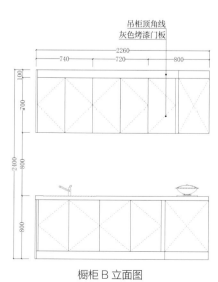

櫥柜 B 立面图

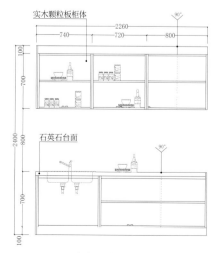

櫥柜 B 结构图

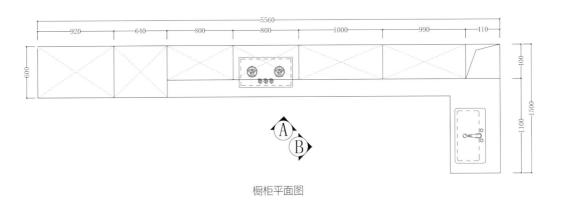

橱柜平面图

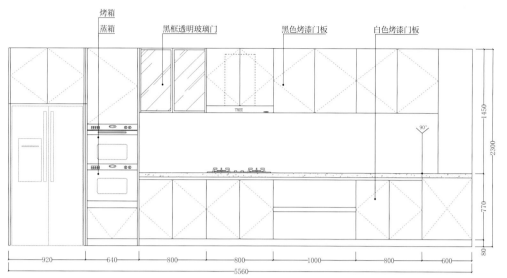

烤箱
蒸箱
黑框透明玻璃门
黑色烤漆门板
白色烤漆门板

90°

2300
1450
770
80

920 640 800 800 1000 800 600
5560

橱柜 A 立面图

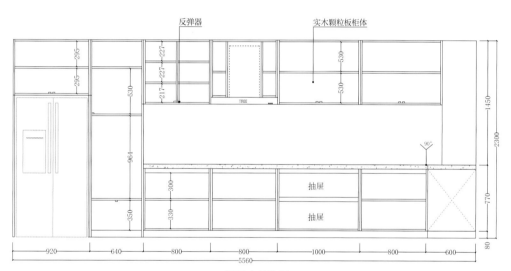

反弹器
实木颗粒板柜体

抽屉
抽屉

90°

2300
1450
770
80

920 640 800 800 1000 800 600
5560

橱柜 A 结构图

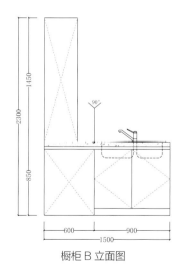

90°

2300
1450
850

600 900
1500

橱柜 B 立面图

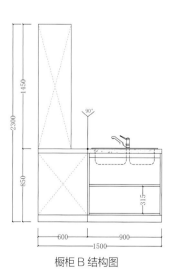

90°

2300
1450
850
315

600 900
1500

橱柜 B 结构图

橱柜－05

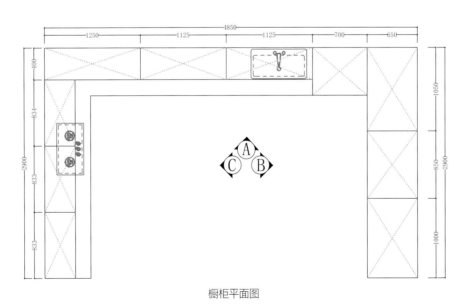

橱柜平面图

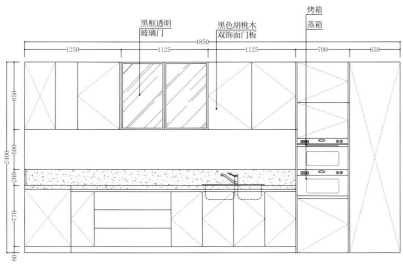

黑框透明
玻璃门　　　　黑色胡桃木
　　　　　　　　双饰面门板　　　烤箱
　　　　　　　　　　　　　　　　蒸箱

1250　　　1125　　　4850　　　1125　　　700　　　650

850
2400 600
200
770
80

橱柜 A 立面图

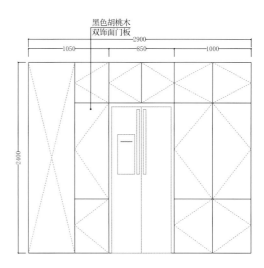

黑色胡桃木
双饰面门板

1050　　　850　　　1000
2900

2400

橱柜 B 立面图

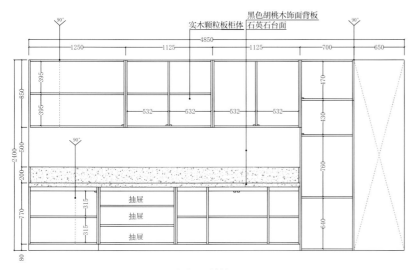

　　　　　　　　　　　　实木颗粒板柜体　　黑色胡桃木饰面背板
　　　　　　　　　　　　　　　　　　　　　石英石台面

90°　　　　　　　　　　　　　　　　　　　　90°

1250　　　1125　　　4850　　　1125　　　700　　　650

395
395
532　532　　532　　532
470
130
90°
760
850
2400 600
200
770
抽屉
抽屉
315
315
抽屉
640
315
80

橱柜 A 结构图

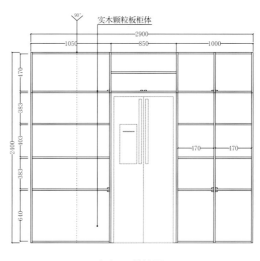

实木颗粒板柜体

90°

1050　　　850　　　1000
2900

470
383
403
470　470
383
2400
640

橱柜 B 结构图

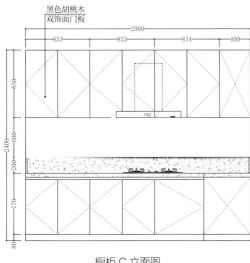

黑色胡桃木
双饰面门板

833　　　833　　　834　　　400
2900

850
2400 500
200
770
80

橱柜 C 立面图

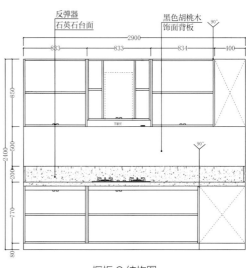

反弹器
石英石台面　　　　　　　黑色胡桃木
　　　　　　　　　　　　饰面背板　　90°

833　　　833　　　834　　　400
2900

850
90°
2400 500
200
770
80

橱柜 C 结构图

橱柜－06

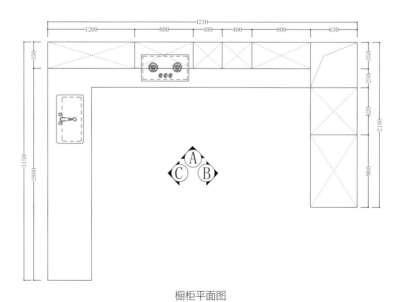

橱柜平面图

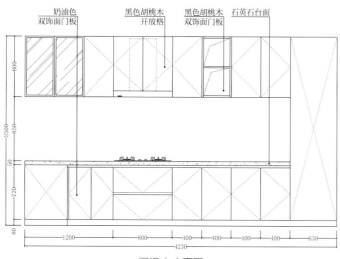

奶油色
双饰面门板　黑色胡桃木
开放格　黑色胡桃木
双饰面门板　石英石台面

800

2500
850

50

720

80

1200　800　400　400　400　400　630
1230

橱柜 A 立面图

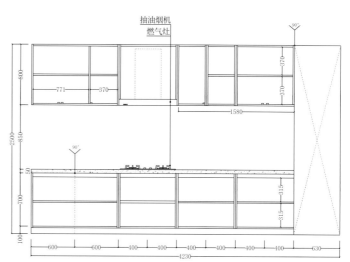

抽油烟机
燃气灶

90°

800

2500
850

50

700

100

771　370
370
370
1580

90°
315
315

600　600　400　400　400　400　400　400　630
1230

橱柜 A 结构图

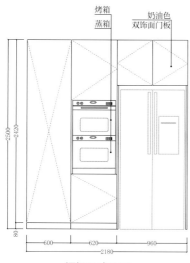

烤箱
蒸箱　奶油色
双饰面门板

2500
2420

80

600　620　960
2180

橱柜 B 立面图

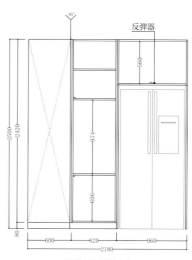

90°

反弹器

560

2500
2420

974

600

80

600　620　960
2180

橱柜 B 结构图

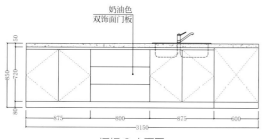

奶油色
双饰面门板

50
850
720

80

875　800　875　600
3150

橱柜 C 立面图

90°

50
850
720

80

210 抽屉
210 抽屉
190 抽屉

315

875　800　875　600
3150

橱柜 C 结构图

橱柜-07

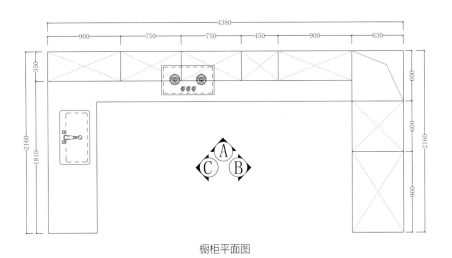

橱柜平面图

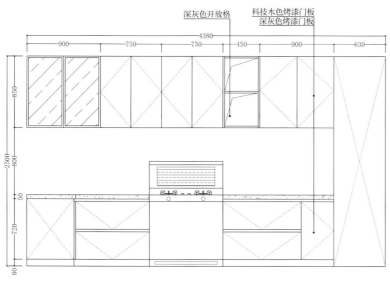

深灰色开放格　科技木色烤漆门板
深灰色烤漆门板

橱柜 A 立面图

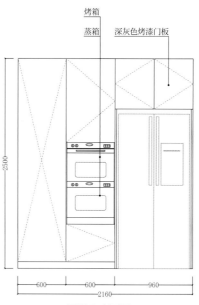

烤箱
蒸箱　深灰色烤漆门板

橱柜 B 立面图

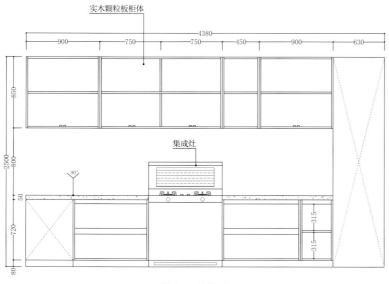

实木颗粒板柜体

集成灶

橱柜 A 结构图

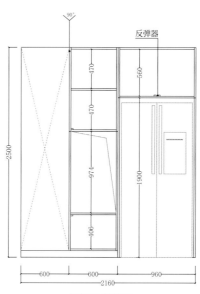

反弹器

橱柜 B 结构图

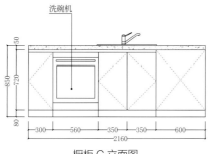

洗碗机

橱柜 C 立面图

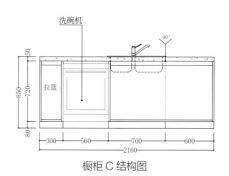

洗碗机

拉篮

橱柜 C 结构图

橱柜 -08

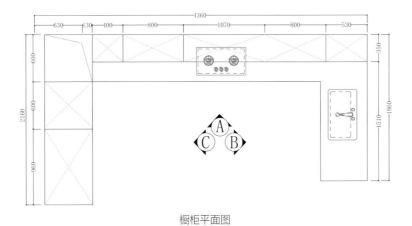

橱柜平面图

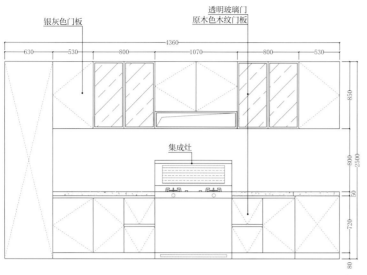

银灰色门板　透明玻璃门　原木色木纹门板

集成灶

4360
630　530　800　1070　800　530
850
800
2500
50
720
80

橱柜A立面图

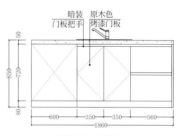

暗装　原木色
门板把手　烤漆门板

50
850　720
80
600　350　350　560
1860

橱柜B立面图

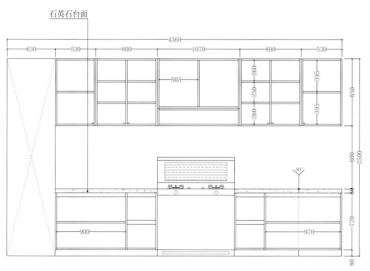

石英石台面

4360
630　530　800　1070　800　530
503
260　260　395
250
260　395
850
90°
800
2500
80
720
900　970
80

橱柜A结构图

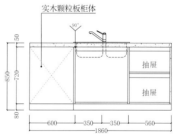

实木颗粒板柜体

抽屉
抽屉

90°
50
850　720
80
600　350　350　560
1860

橱柜B结构图

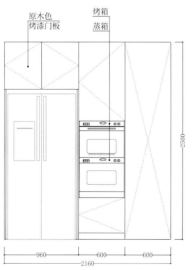

原木色　烤箱
烤漆门板　蒸箱

2500
960　600
2160

橱柜C立面图

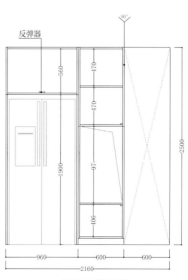

反弹器

90°
560　470
470
1900　497
406
2500
960　600
2160

橱柜C结构图

櫥柜－09

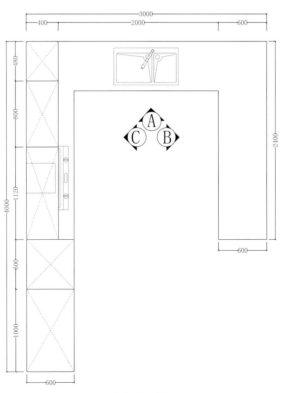

櫥柜平面图

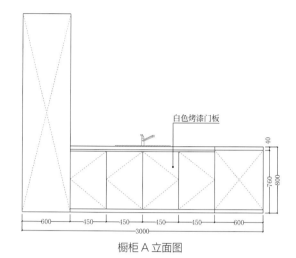

白色烤漆门板

600 450 450 450 600
3000

橱柜 A 立面图

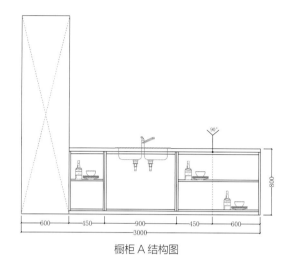

90°

600 450 900 450 600
3000

橱柜 A 结构图

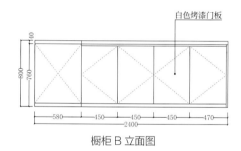

白色烤漆门板

580 450 450 450 470
2400

橱柜 B 立面图

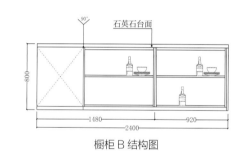

90°

石英石台面

1480 920
2400

橱柜 B 结构图

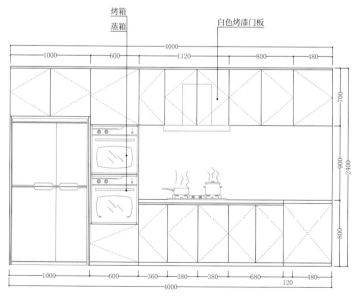

烤箱
蒸箱

白色烤漆门板

4000
1000 600 1120 800 480

1000 600 360 380 380 680 480
4000 120

橱柜 C 立面图

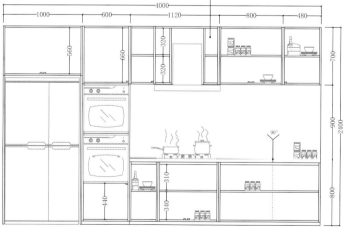

实木颗粒板柜体

4000
1000 600 1120 800 480

90°

橱柜 C 结构图

208

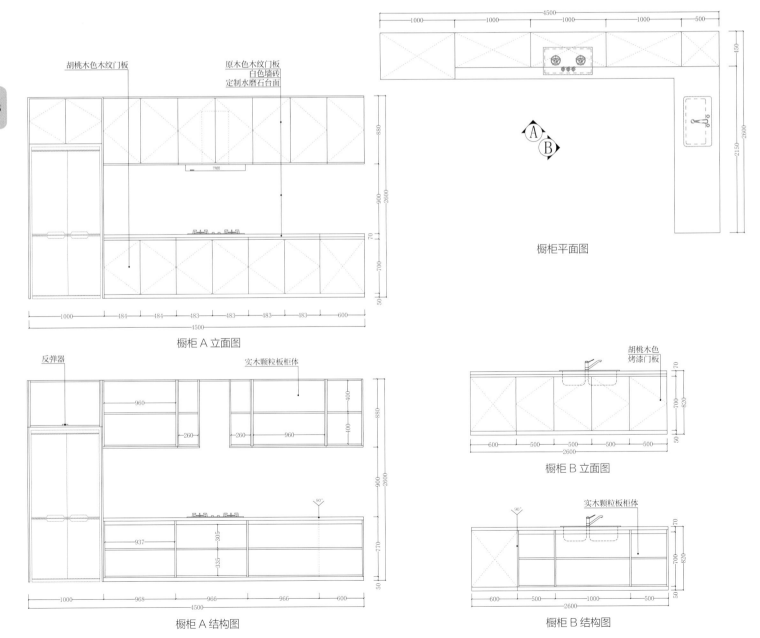

胡桃木色木纹门板

原木色木纹门板
白色墙砖
定制水磨石台面

橱柜平面图

橱柜 A 立面图

反弹器

实木颗粒板柜体

橱柜 A 结构图

胡桃木色
烤漆门板

橱柜 B 立面图

实木颗粒板柜体

橱柜 B 结构图

橱柜 –11

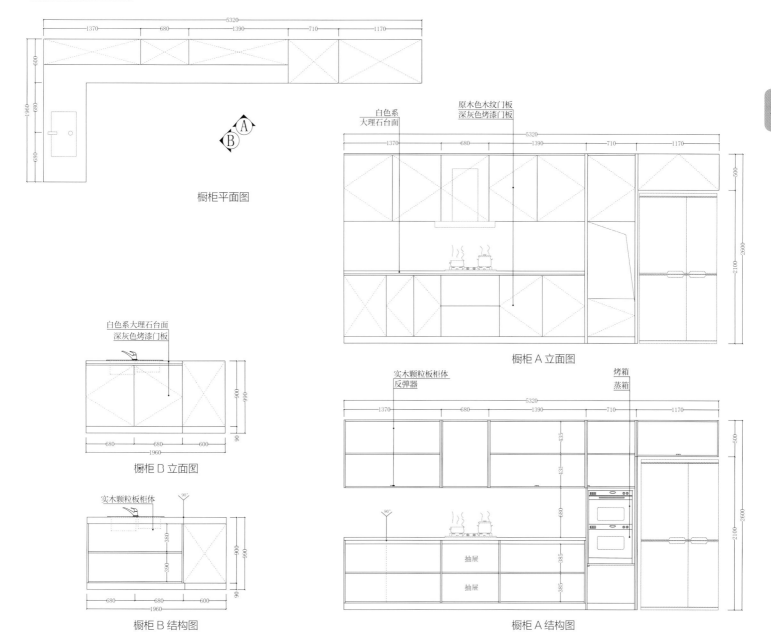

橱柜平面图

白色系
大理石台面

原木色木纹门板
深灰色烤漆门板

橱柜 A 立面图

白色系大理石台面
深灰色烤漆门板

橱柜 B 立面图

实木颗粒板柜体
反弹器

烤箱
蒸箱

实木颗粒板柜体

橱柜 B 结构图

抽屉

抽屉

橱柜 A 结构图

橱柜 –12

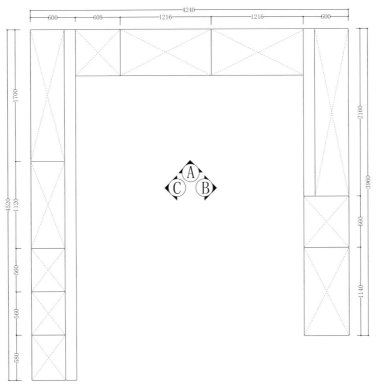

橱柜平面图

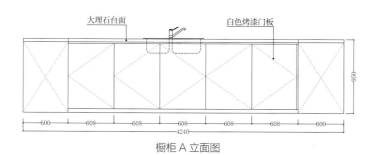

大理石台面　　　　白色烤漆门板

橱柜 A 立面图

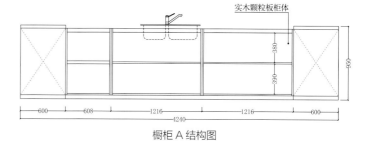

实木颗粒板柜体

橱柜 A 结构图

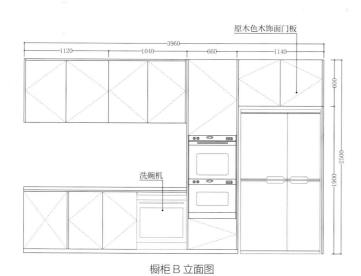

原木色木饰面门板

洗碗机

橱柜 B 立面图

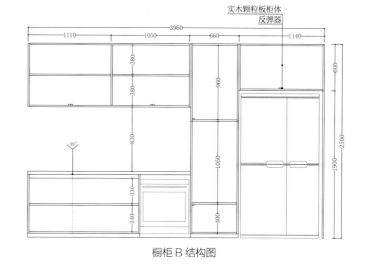

实木颗粒板柜体
反弹器

橱柜 B 结构图

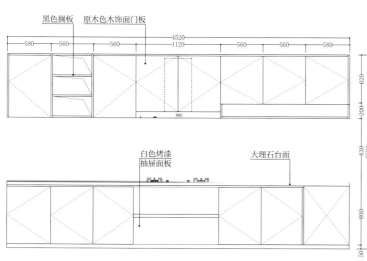

黑色搁板　原木色木饰面门板

白色烤漆
抽屉面板　　　　大理石台面

橱柜 C 立面图

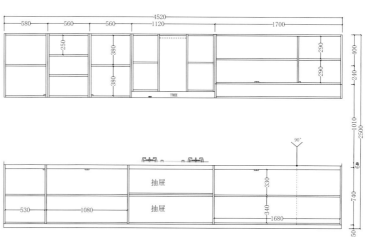

抽屉

抽屉

橱柜 C 结构图

橱柜 -13

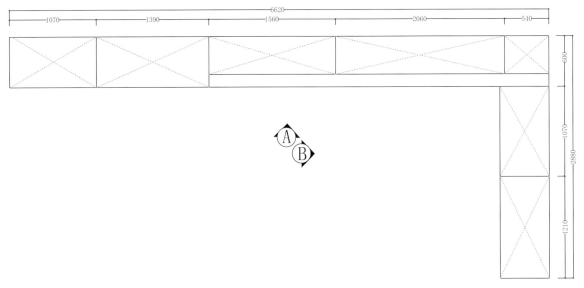

橱柜平面图

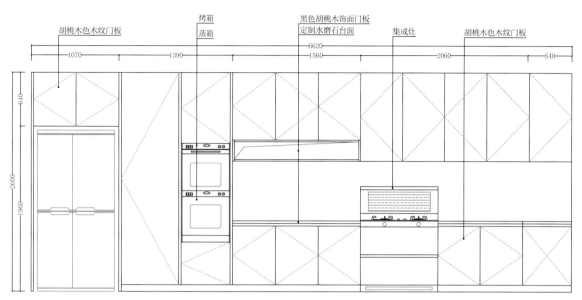

胡桃木色木纹门板　　　　　烤箱　　　　黑色胡桃木饰面门板　　集成灶　　　胡桃木色木纹门板
　　　　　　　　　　　　　　蒸箱　　　　定制水磨石台面

橱柜 A 立面图

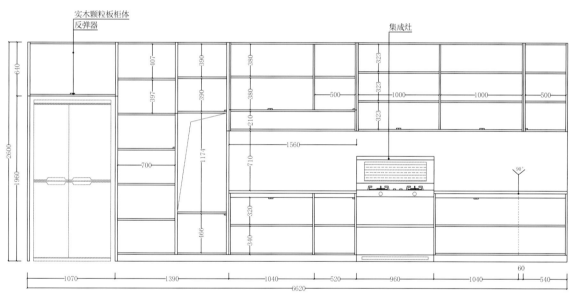

实木颗粒板柜体　　　　　　　　　　　　　　　　　　集成灶
反弹器

橱柜 A 结构图

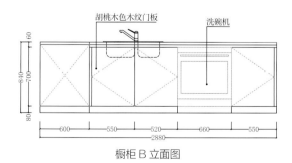

胡桃木色木纹门板　　　　洗碗机

橱柜 B 立面图

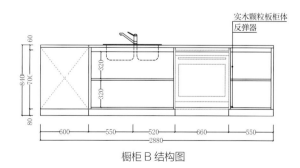

实木颗粒板柜体
反弹器

橱柜 B 结构图

橱柜 -14

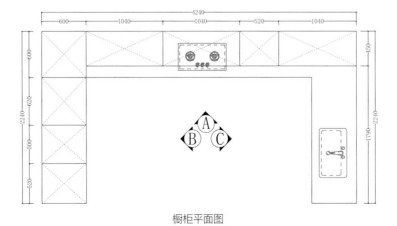

橱柜平面图

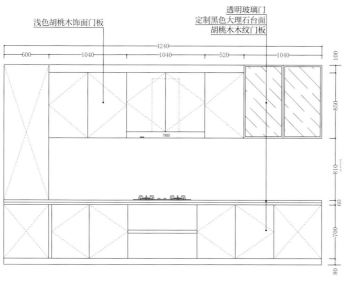
浅色胡桃木饰面门板
透明玻璃门
定制黑色大理石台面
胡桃木木纹门板

橱柜 A 立面图

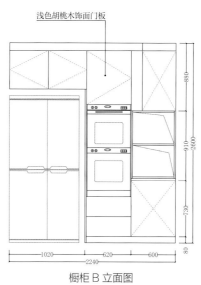
浅色胡桃木饰面门板

橱柜 B 立面图

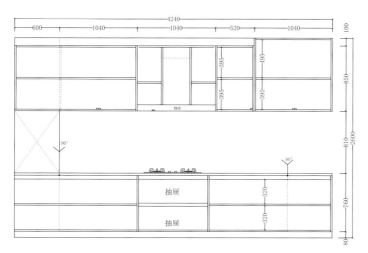

抽屉
抽屉

橱柜 A 结构图

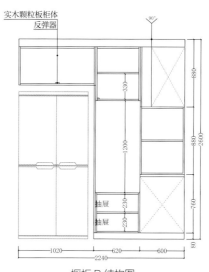
实木颗粒板柜体
反弹器

抽屉
抽屉

橱柜 B 结构图

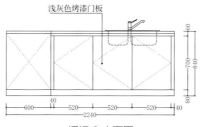
浅灰色烤漆门板

橱柜 C 立面图

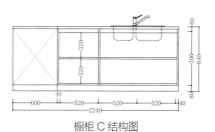

橱柜 C 结构图

橱柜 -15

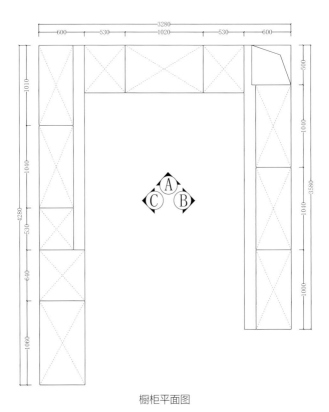

橱柜平面图

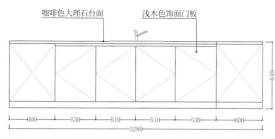

咖啡色大理石台面　　浅木色饰面门板

600　　530　　510　　510　　530　　600

3280

840

橱柜 A 立面图

实木颗粒板柜体

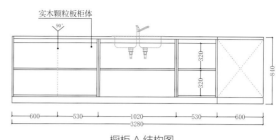

90°

320

320

600　　530　　1020　　530　　600

3280

840

橱柜 A 结构图

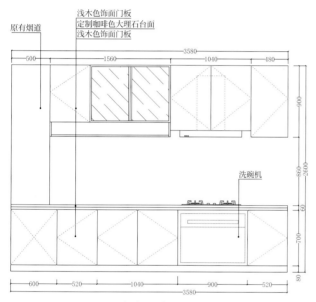

原有烟道

浅木色饰面门板
定制咖啡色大理石台面
浅木色饰面门板

500　　1560　　1040　　480

3580

洗碗机

900

860

2600

60

700

600　　520　　1040　　900　　520

3580

80

橱柜 B 立面图

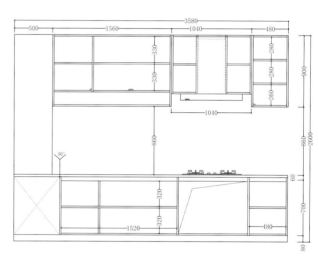

500　　1560　　1040　　480

3580

330

330

280

280

260

1040

900

860

2600

90°

320

320

1520

60

700

480

80

橱柜 B 结构图

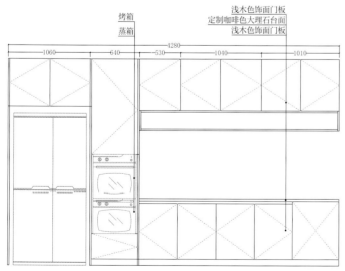

烤箱
蒸箱

浅木色饰面门板
定制咖啡色大理石台面
浅木色饰面门板

1060　　640　　530　　1040　　1010

4280

橱柜 C 立面图

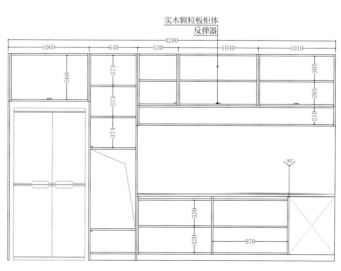

实木颗粒板柜体
反弹器

1060　　640　　530　　1040　　1010

4280

560

373

373

374

320

320

970

305

285

210

90°

橱柜 C 结构图

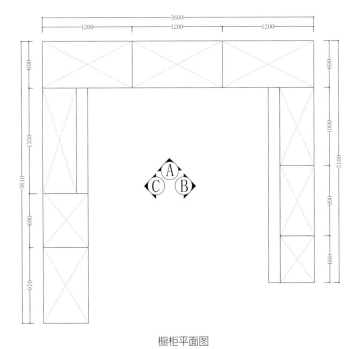

橱柜平面图

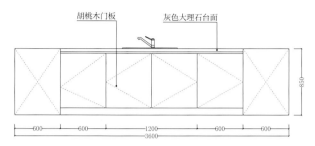

胡桃木门板　　　灰色大理石台面

橱柜 A 立面图

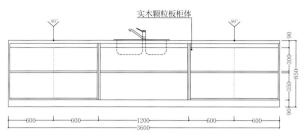

实木颗粒板柜体

橱柜 A 结构图

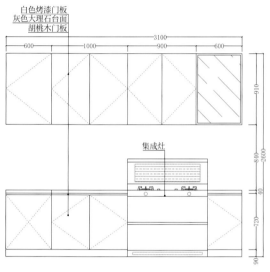

白色烤漆门板
灰色大理石台面
胡桃木门板

集成灶

橱柜 B 立面图

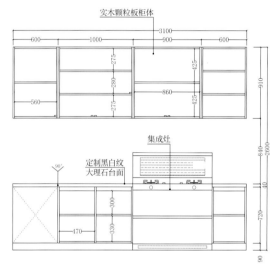

实木颗粒板柜体

集成灶

定制黑白纹
大理石台面

橱柜 B 结构图

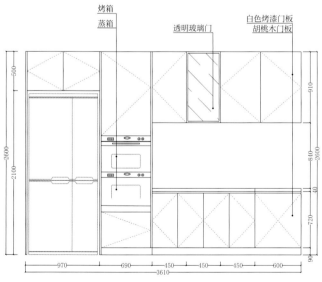

烤箱
蒸箱

透明玻璃门

白色烤漆门板
胡桃木门板

橱柜 C 立面图

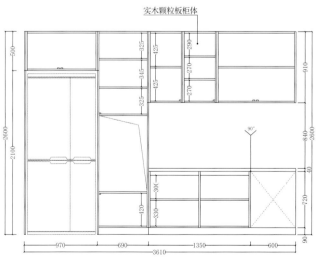

实木颗粒板柜体

橱柜 C 结构图

橱柜 -17

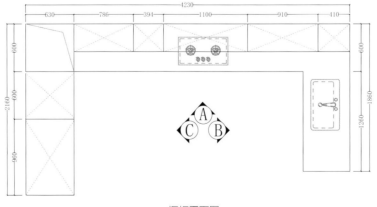

橱柜平面图

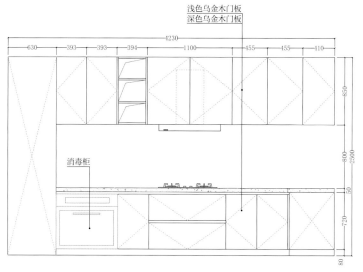

浅色乌金木门板
深色乌金木门板

630　393　393　394　1100　455　455　410
4230

消毒柜

850
800
2500
50
720
80

橱柜 A 立面图

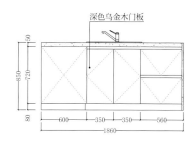

深色乌金木门板

50
850
720

80
600　350　350　560
1860

橱柜 B 立面图

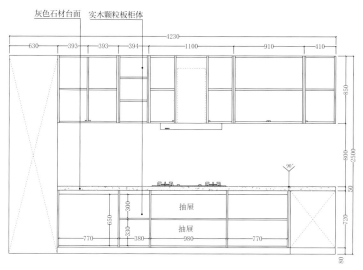

灰色石材台面　实木颗粒板柜体

630　393　393　394　1100　910　410
4230

850
800
2500
90°
50
720
80

抽屉
抽屉

770　650　300　380　330　980　770

橱柜 A 结构图

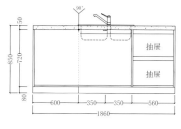

90°

50
850
720

抽屉
抽屉

80
600　350　350　560
1860

橱柜 B 结构图

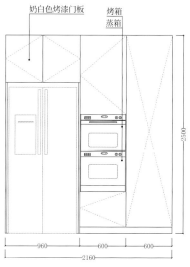

奶白色烤漆门板　烤箱
蒸箱

2500

960　600　600
2160

橱柜 C 立面图

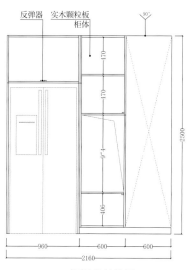

反弹器　实木颗粒板
柜体

90°

170
170
2500
1.6
406

960　600　600
2160

橱柜 C 结构图

橱柜 -18

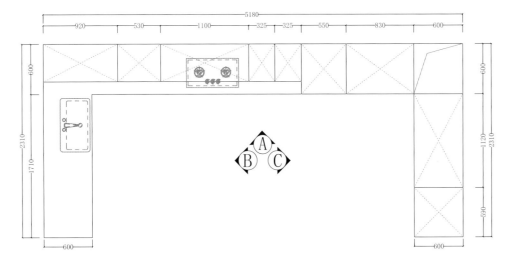

橱柜平面图

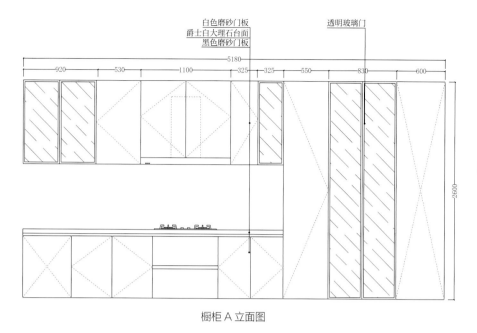

白色磨砂门板
爵士白大理石台面
黑色磨砂门板

透明玻璃门

橱柜 A 立面图

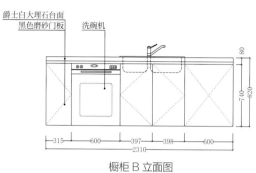

爵士白大理石台面
黑色磨砂门板　　洗碗机

橱柜 B 立面图

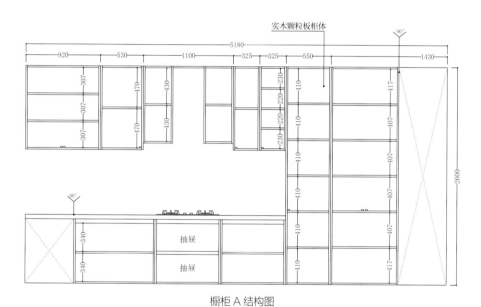

实木颗粒板柜体

抽屉

抽屉

橱柜 A 结构图

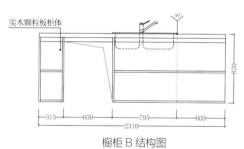

实木颗粒板柜体

橱柜 B 结构图

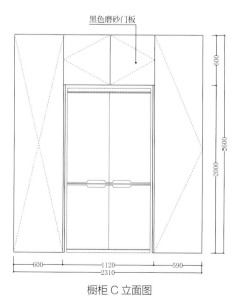

黑色磨砂门板

橱柜 C 立面图

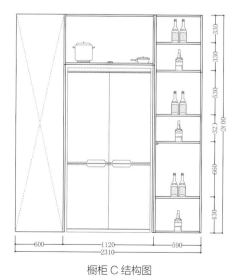

橱柜 C 结构图